U0348190

17α-甲基睾酮
对稀有鮈鲫的影响

◎ 刘少贞　著

中国农业科学技术出版社

图书在版编目（CIP）数据

17α-甲基睾酮对稀有鮈鲫的影响/刘少贞著. --北京：中国农业科学技术出版社，2023.12

ISBN 978-7-5116-6554-6

Ⅰ.①1… Ⅱ.①刘… Ⅲ.①甲基睾酮—影响—鲤科—性别决定—研究 Ⅳ.①S965.116

中国国家版本馆CIP数据核字（2023）第230419号

责任编辑	李冠桥
责任校对	贾若妍　李向荣
责任印制	姜义伟　王思文

出 版 者　中国农业科学技术出版社
　　　　　北京市中关村南大街12号　邮编：100081
电　　话　（010）82106632（编辑室）　　　（010）82109702（发行部）
　　　　　（010）82109709（读者服务部）
网　　址　https：//castp.caas.cn
经 销 者　各地新华书店
印 刷 者　北京建宏印刷有限公司
开　　本　170 mm×240 mm　1/16
印　　张　11.5
字　　数　190千字
版　　次　2023年12月第1版　2023年12月第1次印刷
定　　价　80.00元

目　录

1 相关研究进展

自 20 世纪以来，随着人类社会的不断发展以及医药行业、畜牧养殖业和工业的快速发展，使越来越多的天然的和人工合成的化学物质进入我们的生活环境中，这类物质主要通过干扰生物或者人体内保持自身平衡和调节发育过程的天然激素的正常合成和正常代谢等，对生物或人体产生危害，这类外源性化学物质被称为环境内分泌干扰物（Environmental Endocrine Disruptors，EDCs）。

环境中主要的 EDCs 可以分为三类：第一类环境雌激素，环境雌激素是 EDCs 中最为重要的一类化学物质，具有雌激素效应；第二类环境雄激素，环境雄激素是一类具有雄激素效应和作用的化合物；第三类拟甲状腺激素（伍吉云等，2005）。本研究选取了雄性激素 17α – 甲基睾酮（17α –methyltestosterone，MT）作为研究对象，同时以强雌激素乙炔雌二醇（EE2）作为对照，主要研究这两种环境激素对稀有鲫鲫性腺发育和类固醇合成相关基因的影响。

1.1 环境内分泌干扰物

1.1.1 EDCs 的作用机制

EDCs 通过干扰天然激素行使其正常生理功能而危害到人体和生物体的健康（邓南圣和吴峰，2004）。那么，我们要了解环境内分泌干扰物如何在体内行使其干扰作用，首先要了解内源性激素在体内的作用途径（图 1–1）。内源性激素主要分为含氮激素和类固醇激素，含氮激素可以特异性地与靶细

1

胞膜上相应的膜受体结合，这种结合作为第一信使激活膜上的腺苷酸环化酶（Adenylate cyclase，AC）系统，在细胞内产生环－磷腺苷（cAMP）作为第二信使，进而调控细胞的生理活动；类固醇激素能直接透过靶细胞膜，与细胞内的胞浆受体或者核受体（Nuclear receptor）结合并使之活化，进而调节基因表达，引起相应的生物学效应（图1-1）。

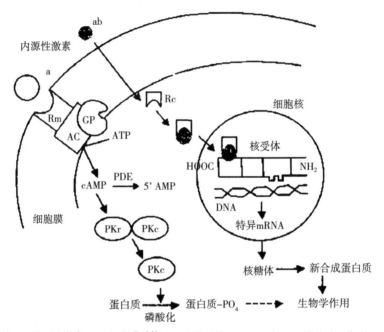

a.含氮激素; ab.类固醇激素; Rm.细胞膜受体; Rc.胞浆受体; Gp.G蛋白; AC.腺苷酸环化酶; cAMP.环－磷腺苷; PDE.磷酸二酯酶; PKr.蛋白激酶调节亚单位; PKc.蛋白激酶催化亚单位; ATP.三磷酸腺苷。

图1-1　内源性激素作用机制（姚泰，2001）

EDCs在体内的作用方式如下。

（1）EDCs与受体直接结合。EDCs可以模仿天然激素，与激素结合位点结合，形成受体－配体复合物（Receptor-ligand complexes），受体－配体复合物再结合在DNA结合区的DNA反应元件上，从而影响人和动物的健康。当EDCs同生物体内的内源性激素结构相同或者相近的时候，它就会与靶细胞的受体结合，引起细胞内一系列反应，从而影响人或动物的内分泌系统。

（2）EDCs与生物体内激素竞争靶细胞上的受体。EDCs通过竞争与受体结合，减少受体对天然激素的结合，天然激素的作用被大大降低。内源性激素与受体的结合会被 EDCs 阻碍，因而使得生物体机能紊乱（伍吉云等，2005）。

（3）EDCs 可以阻碍受体与天然激素的结合作用。有一类 EDCs 不会与受体结合，但是，会阻碍受体与天然激素的结合，进而影响天然存在的激素的正常生理功能（邓南圣和吴峰，2004）。

（4）EDCs 可以影响内分泌系统。EDCs 可以使内分泌系统紊乱，进而使其他系统受到伤害，从而引发其他系统的毒性等（邓南圣和吴峰，2004）。

（5）EDCs 的协同作用。EDCs 的种类繁多，且具有协同作用，它们之间的协同作用因组合的不同而不同，致毒机理十分复杂。

（6）EDCs 可以改变机体受体数量。EDCs 可以改变生物体内激素受体的数量，影响天然激素与受体结合的数量，一旦没有更多的受体与天然激素结合，那么必然危害人和生物体内正常的生理功能（刘先利等，2003）。

（7）自由基学说。自由基可以维持体内细胞的正常功能，EDCs 可以造成机体自由基过量，而过量的自由基容易对细胞造成损伤（吕东阳和李文兰，2003）。

（8）肝酶系统学说。人体肝酶系统会影响体内的激素水平，例如滴滴涕（DDT）能诱导肝脏微粒体单氧酶活性，进而影响雄激素的代谢速率（吕东阳和李文兰，2003）。

（9）EDCs 可以对细胞信号传导通路产生影响。EDCs 可以调节细胞膜上的离子通道，正常细胞内 Ca^{2+} 的调节机理是通过膜上钙受体蛋白发挥作用的，但是，EDCs 的介入，可以与钙受体蛋白结合，导致细胞内外信号通路的失常，因而引起细胞代谢不正常，甚至细胞死亡（张玉彪等，2013）。

1.1.2 环境内分泌干扰物的危害

EDCs 广泛存在于我们生活的环境中（Kolodziej et al., 2003），由于其具有特殊的理化性质，在生物体内难以降解，EDCs 存在着生物富集性（Kishino et al., 1995），因此在体内会越积越多，EDCs 又具有高毒性，微量的 EDCs 就能对生物体内分泌系统、生殖系统等造成损伤（Colborn et al., 1993；Campbell et al., 2006; Diamanti-Kandarakis et al., 2009; Myers et al., 2009)。EDCs 对人体及生物体的危害已经引起学者们关注,同时,受到 EDCs 危害的实例也在我们的身边逐渐被发现,这种危害的实例越来越多,那么,EDCs 到底如何干扰人体以及生物体正常生理活动的呢,这已经成为科研工作者需要迫切解决的问题。

人工合成的药物排放到污水中,这些药物如果含有雌激素,就会严重影响水环境中生物的健康,尤其是鱼类的生殖健康。还有另一种雌激素,天然存在于生物体内的,会随着新陈代谢进入生活废水中,这类激素也会干扰水生生物的内分泌系统、生殖系统等健康(Michalowicz and Duda,2004)。人们还发现,养殖场附近的污水也存在大量的激素类物质,这是由于人类开发的一批动植物激素,而这些激素与天然存在的激素具有同等功能,人们为了使得养殖的家畜生长快速,缩短生育周期,给家畜的饲料里添加人工开发的动植物激素,而这些激素不会全部被家畜吸收降解,很大一部分被排出体外,随着排泄物进入污水中,使得养殖场附近的污水中也存在大量的激素,进而对水生生物造成严重的危害(Matthiesen and Gibbs,1997)。另外,养殖的家畜对植物性饲料需求很大,尤其是牛羊的养殖场,植物性饲料也含有大量的植物雌激素,而家畜并不会对这些植物性饲料百分之百地吸收利用,因此,也有很多植物雌激素被排到废水中,这样也造成了废水中的植物雌激素含量增大,危害水生生物的健康(邓南圣和吴峰,2004)。

1.1.2.1　对生殖系统的影响

研究表明,EDCs 具有拟雌激素或者抗雄激素作用,干扰生物的生殖、发育以及动物体内正常激素的合成、分泌、运输等(Ankley et al.,2009)。近年来,儿童的性早熟及激素依赖性疾病发病率显著上升,推测与环境内分泌干扰物有关。中华预防医学杂志发表一篇综述,研究了 79 名早熟儿童和 42 名正常儿童的血液,检测了这些儿童血液中壬基酚(NP),研究结果显示,性早熟患儿血清中壬基酚与子宫体积、卵巢体积和骨密度均呈显著正相关(芦军萍等,2006)。大豆中提取的一种雌激素大豆异黄酮在治疗疾病(乳腺癌、前列腺癌等)的同时,也产生了危害,比如,使妇女的月经紊乱(Chedraue et al., 2011）。

动物实验表明，EDCs 几乎可引起各类型的雄性生殖系统发育障碍（Crisp et al., 1998; Jobling et al., 1996）。EDCs 会抑制鱼类的卵巢发育（Vogt, 2007; Urbatzka et al., 2012），阻碍卵细胞的成熟，使卵巢中只存在初级和次级卵母细胞（Babiak et al., 2012; Blázquez et al., 1998）。

环境内分泌干扰物近年来备受国内外学者们的关注，刘在平等（2011）做了烷基酚类化合物（环境雌激素）对斑马鱼（*Danio rerio*）胚胎的毒性研究，研究结果发现，4 种烷基酚类化合物（邻甲酚、间甲酚、对甲酚和 2,4-二叔丁基酚）对斑马鱼（*Danio rerio*）胚胎发育均有明显抑制作用，可使得胚胎发育畸形甚至死亡。有人用壬基酚和雌甾二醇投喂绵鳚（*Zoarces viviparus*），投喂一段时间后，解剖观察性腺，研究发现 100 μg/g 的壬基酚和雌甾二醇使绵鳚的精巢萎缩，精巢的体积和重量明显降低，精巢颜色发黄，甚至变硬，几乎看不到精液的存在，但是对照组的雄鱼精巢就没有观察到这种异常现象（Christiansen et al., 1998）。

1.1.2.2 对生长发育的影响

环境内分泌干扰物遍布自然界的各个角落，很少量的激素物质就会对生物造成巨大影响，生物受到 EDCs 危害后，会表现在生物个体的形态异常上，这是 EDCs 对生物生长激素作用干扰的结果。作为干扰生物体内分泌的物质，环境激素会促进或抑制生物体生长激素的分泌。

由于 EDCs 会干扰人体内各种激素的分泌，如生长激素等，专家研究表明一个孩子在 3～9 岁，平均每年应该长高 5 cm 左右，如果生长速度低于此数，就是变矮的危险信号，必须仔细检查。

环境内分泌干扰物的泛滥，也使得生态环境中出现众多个体异常变大的生物。比如，在 2001 年的时候，西班牙北部海岸捕获过一只巨大鱿鱼，体重有 124.5 kg，体长有 2 m。2002 年 4 月，在我国武汉市一个水库中打捞到一条巨大的青鱼，体长和普通人的身高竟然差不多。同一年，在我国浙江省，温岭市松门镇石板殿村，当地渔民曾经捕获过一条大鲨鱼，体重有 5000 kg。这些生物在自然界处于被污染的境地，当它们吸收了环境激素后，身体自然会

"胖"起来（孙胜龙，2004）。我国已经把环境内分泌干扰物研究列为"863"重大课题之一。

动物实验表明，在外源雌激素 EE2（25 ng/L）暴露 28 d 会使稀有鮈鲫的体重显著减轻，同时，鱼的体长显著降低（Zha et al.，2007）。前人的研究表明，斑马鱼暴露在 EE2 的时候，体重和体长也会受到显著抑制（Van den Belt et al.，2002）。Yoshida 等（2000）发现大鼠注射辛基酚（100 mg/kg）后体重显著下降。有人用一种除草剂阿特拉津（Atrazine，AT）拌入饲料中，饲喂家蚕一段时间后，发现这种被世界野生动物基金会（WWF）和美国国家环境保护局（EPA）列为环境激素的阿特拉津严重抑制了家蚕的生长，浓度越大抑制作用越显著，尤其是当阿特拉津浓度达到 0.40 mmol/kg 的时候，家蚕的体重已经完全不增长了（陈剑秋等，2007）。

1.1.2.3 对动物体内酶活性的影响

性激素的合成需要一系列酶类和蛋白的参与，EDCs 可通过干扰催化胆固醇合成性激素的一系列酶基因、转录因子及信号通路进而影响性激素的合成。学者们对 EDCs 暴露鱼类的研究表明，EDCs 可以抑制或者激活体内类固醇合成急性调节蛋白（StAR），芳香化酶（CYP19）等类固醇合成相关酶类和蛋白的表达及其基因在转录水平的表达，EDCs 通过对这些酶类和蛋白的影响，进而影响鱼类性腺的发育以及鱼体的生长发育（Zha et al.，2007，2008；Skolness et al.，2011；Filby et al.，2007；Peters et al.，2007）。

1.1.2.4 对免疫系统的影响

EDCs 可以调节动物免疫系统的正常生理功能。有学者研究表明类固醇激素受体在相当多的免疫体系组织中存在，那么，这足以说明类固醇激素在免疫系统的组织和细胞中也要行使其生理功能，如果 EDCs 干扰了这些免疫组织中的类固醇激素的正常功能，结果必然导致免疫系统受到威胁，产生危害（邓南圣和吴峰，2004）。比如环境雌激素壬基酚（NP），有学者研究 NP 暴露鲫鱼，结果表明，低浓度的 NP 对鲫鱼巨噬细胞有一定的增殖效应，而高浓度的 NP 却对鲫鱼巨噬细胞的增殖有抑制作用（胡双庆等，2004）。Duffy 等（2002）研究了多氯联苯对青鳉免疫系统的影响，用注射腹腔的方法给青鳉注射多氯联苯 14 d 后发现，多氯联苯引起幼鱼及成鱼的氧化应激反应，同时，导致青鳉体内抗体数量明显下降，研究结果还发现，幼年的青鳉对多氯联苯更为敏感。

1.1.3　17α - 甲基睾酮（MT）和乙炔雌二醇（EE2）概述

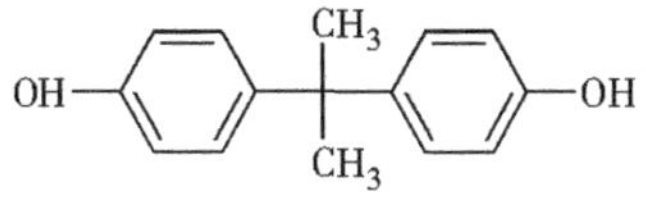

图 1-2　双酚 A 的分子结构式

MT 是人工合成的有机化合物，分子结构式见图 1-3，被广泛应用于医药、化工等行业。在水产养殖业中，MT 常常被用作鱼类饲料添加剂以加快鱼体生长，增加蛋白质的积累。MT 还经常被用于水产上单雄个体的培育，比如雄性罗非鱼的生长比雌鱼快，用 MT 处理罗非鱼仔鱼，获得罗非鱼的雄鱼比例大大增加。然而，MT 被利用的同时也给环境造成了一定的污染，危害到了人类和自然界中生物的健康。MT 在污水中广泛存在，某些化学工厂的污水排放处检测到了 1.33 ng/L 的 MT（Blankvoort et al., 2005）。1999 年的时候，MT 已经被列为内分泌干扰物对鱼类毒性研究的代表性雄激素（OECD，1999）。Seki 等（2004）的研究表明，27.75 ng/L 的 MT 处理青鳉，精巢中出现了精卵巢。还有研究表明，MT 处理石斑鱼后发现雌鱼出现性逆转的现象（Shi et al., 2012；Parks et al., 2001），MT 引起鱼体内的雄激素含量升高（Yeh et al., 2003）。前人的种种研究表明，MT 对机体是有害的。有研究人员推测，MT 之所以引起雌鱼发生性逆转，并且使体内雄激素含量升高，主要是由于 MT 可以抑制芳香化酶的活性，从而危害生物体的健康（Kitano et al., 2000）。

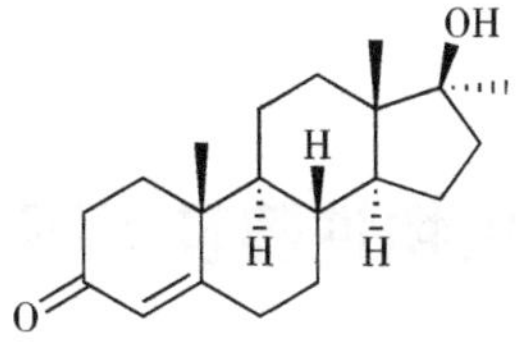

图 1-3　17α - 甲基睾酮（MT）的分子结构式

EE2 是一种人工合成的强雌激素，是口服避孕药的主要成分，EE2 也作为雌激素用于治疗月经紊乱和女性绝经后体内雌激素的补充，此外，还用于防治老年性骨质疏松等。EE2 的分子结构见图 1-4。由于人们大量使用雌激素，致使残留的 EE2 被释放到环境中，从而影响了人类和野生动植物的健康。威廉欧文斯曾经说过，避孕药中的雌激素即使被排出体外，其活性一样是存在的，有研究证明，被污染河流中的雄鱼竟然可以产仔，经过解剖发现，这些雄鱼体内的雌二醇含量比正常雄鱼体内的高很多（李青松，2007）。Silva 等（2013）研究发现，EE2 暴露后的金鱼体内 VTG 含量显著变化。Zha 等（2007）的研究表明，EE2 抑制鱼类生长发育，使雄鱼的性腺指数升高，而使雌鱼性腺指数降低，EE2 严重抑制了鱼类卵巢的发育，使卵巢退化。EE2 可以使基因型的雄鱼向表型雌鱼转变，具有雌鱼的第二性征（Papoulias et al.，2000；Salierno and Kane，2009），使雄鱼出现精卵巢（Seki et al.，2002）。微量的 EE2（1 ～ 4 ng/L）就可以使雄鱼体内生产大量卵黄蛋白原（Van den Belt et al.，2003）。EE2 可以降低鱼体内雄激素的含量，如睾酮（Testosterone，T）、11- 酮基睾酮（11-ketotestosterone，11-KT）等（Brown et al.，2007）。Hogan 等（2010）研究了底鳉（*Fundulus heteroclitus*）暴露 EE2 后体内睾酮水平，研究结果发现实验 14 d，显著降低了底鳉体内睾酮的含量。EE2 不仅能引起鱼类形态学的异常，还会引起群体内部雌雄比例的严重失调（Larsen et al.，2008），同时还会引起鱼类生殖行为的改变（Sisneros et al.，2004）。

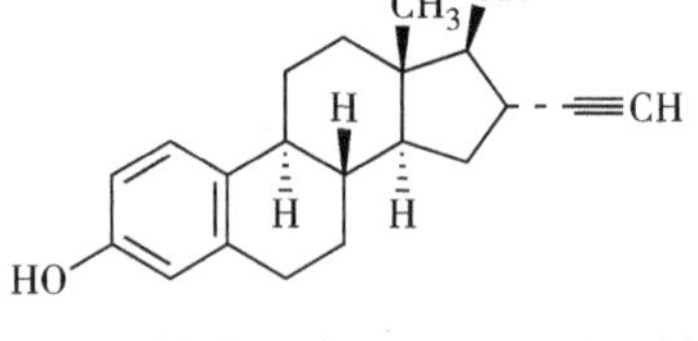

图 1-4 乙炔雌二醇（EE2）的分子结构式

1.2 EDCs 对水生生物性腺及类固醇激素的影响

卵黄蛋白原（Vitellogenin，VTG）是几乎所有卵生动物中卵黄蛋白（Yolk

protein）的前体，鱼类、鸟类、两栖动物、爬行动物、大多数无脊椎动物和鸭嘴兽血液中都含有卵黄蛋白原（Zhang et al.，2011）。VTG 通常在肝脏中合成，经过循环系统被运输到卵巢中，被卵巢吸收用作发育的营养物质。

在鱼类中，VTG 是雌鱼的特异蛋白，但是雄鱼的肝脏中也有 VTG 基因的存在，因此，雌二醇、乙炔雌二醇和雌酮等雌激素可以诱导雄鱼肝脏合成 VTG 并且发挥作用（Rotchell，2003；Hori et al.，1978）。

环境内分泌干扰物可以影响鱼类性腺的发育，引起精巢重量下降、两性器官精卵巢的形成、雄鱼雌性化以及受精卵孵化能力的下降等（Johnson et al.，1998）。外源激素可以显著影响鱼苗的性别分化（Baroiller et al.，1999）。Seki 等（2002）研究了 EE2 对青鳉的影响，发现 EE2 显著抑制了青鳉的生长。温茹淑等（2008）进行了唐鱼成鱼（*Tanichthys albonubes*）暴露 1 μg/L 和 10 μg/L 的 17β-雌二醇（E2）的实验，实验结果表明唐鱼的生长严重受到了 E2 的抑制。同时，还发现暴露 E2 的唐鱼某些个体外形畸形、运动迟缓、反应呆滞等现象。

Maack 和 Segner（2004）研究斑马鱼幼鱼发育的不同时期进行 EE2 的暴露，然后观察这些暴露 EE2 后的斑马鱼性成熟之后的产卵情况。研究发现，10 ng/L 的 EE2 暴露 15～42 dpf 的斑马鱼，与未处理的斑马鱼相比，其性成熟之后的产卵量是没有显著变化的。而 10 ng/L 的 EE2 暴露 43～71 dpf 的斑马鱼，性成熟后的产卵量与对照组相比显著下降（$P < 0.05$）。然后，在 EE2 相同浓度下暴露 72～99 dpf 的斑马鱼后，性成熟后的产卵量又没有明显的变化了。同时，Maack 和 Segner 还研究了这些斑马鱼 190 dpf 的性腺组织学发育情况，研究表明，72～99 dpf 暴露 EE2 的鱼长成后的性腺仍然是被抑制的，在卵巢里观察不到成熟的卵细胞，只有未成熟的细胞存在。

Peters 等（2007）用 0～100 ng/L 的 EE2 暴露底鳉（*Fundulus heteroclitus*）21 d 后，100 ng/L 的 EE2 显著降低了雄鱼体内雄激素睾酮和 11-酮基睾酮的含量，而卵黄蛋白原含量显著升高，同时，雄鱼的性腺指数显著升高。此外还发现，100 ng/L 的 EE2 暴露雌性底鳉 21 d 后，底鳉的产卵量显著降低，雌二醇和睾酮的含量显著降低。

法倔唑（Fadrozole）是一种芳香化酶抑制剂。把法倔唑与鱼饵料混合，每克饵料里的法倔唑为 0 μg、10 μg、100 μg 和 1000 μg，喂养孵化后 15 d 的斑马鱼雌鱼 25 d，研究结果发现，所有处理过的斑马鱼雌鱼性腺发生雄性化，尤其是浓度最高的处理组（1000 μg），发现雌鱼的性腺已经完全变成了精巢（Daisuke et al.，2004）。Dreze 等（2000）研究了刚孵化的食蚊鱼（*Gambusia holbrooki*）暴露壬基酚 72 h 后性腺发育的情况，研究发现 50 μg/L 的壬基酚导致食蚊鱼出现百分之百的雌性化，而 0.5 μg/L 和 5 μg/L 的壬基酚导致鱼类性腺发育不全。LÄNGE 等（2001）用不同浓度的 EE2（0.2 ng/L、1.0 ng/L、4.0 ng/L、16 ng/L 和 64 ng/L）暴露孵化 24 h 的黑头软口鲦，暴露 56 d 后，对照组的 35 尾鱼性腺虽然未发育成熟，但是完全可以分辨出精巢和卵巢的形态，低浓度（1 ~ 16 ng/L）EE2 暴露黑头软口鲦后，组织学观察发现，同一尾鱼性腺中精巢样组织和卵巢样组织同时存在，这也说明，EE2 严重影响了鱼类性腺的发育，阻碍了幼鱼性腺分化。Van der Ven 等（2003）的研究结果表明，雌二醇（E2）可抑制斑马鱼卵巢中卵细胞的成熟。Diana 等（1999）用 EE2 注射青鳉，组织病理学显示，0.5 ~ 2.5 ng/L 的 EE2 注射青鳉，基因型的雄鱼转变成了表型雌鱼。Kang 等（2008）的研究结果表明，青鳉在 380 ng/L MT 暴露 21 d 之后，精巢中发现了精卵巢，卵巢中也出现萎缩现象，并且 88.1 ~ 380 ng/L 的雌鱼处理组，基本没有成熟卵细胞，只有未发育的或者已经萎缩退化的细胞。Lin 和 Janz（2006）用 EE2 和 NP 混合物暴露斑马鱼，研究结果显示，这种混合物的暴露严重阻碍了孵化 60 d 的斑马鱼性腺中卵母细胞的形成。

Silva 等（2012）研究了 EE2 对斑马鱼性腺发育的影响，研究结果显示，100 ng/L 的 EE2 暴露 21 d 使雌雄鱼性腺发育缓慢，抑制了精子和卵细胞的成熟，在卵巢中观察到了炎症组织和矿物质化的组织。EE2 暴露 21 d 的雌雄斑马鱼精巢和卵巢重量显著减少，性腺指数也显著低于对照组。Rasmussen 等（2005）研究了外源雌激素对鱼类的组织学影响，研究结果表明，外源雌激素（Xenoestrogen）是通过影响 ER 进而对精巢组织形态学产生影响的。

Doyle 等（2013）研究了底鳉（*Fundulus heteroclitus*）暴露 EE2 后性腺发育以及体内激素含量变化情况。EE2 暴露浓度为 50 μg/L 和 250 ng/L，暴露时间为 14 d，采用组织切片的方法观察性腺组织学变化情况，体内激素含量采用酶联免疫吸附测定法测定，性腺基因 *cyp11a1*、*cyp19a1*、*esr2a*、*esr2b*、*hsd11b3*、*star* 和肝脏 *vtg1* 和 *vtg2* 采用 qRT–PCR 的方法检测。研究结果显示，EE2 显著抑制了底鳉卵巢的发育，阻碍了卵细胞的成熟，在处理组的雌鱼性腺中已经观察不到成熟的卵细胞，而对照组雌鱼性腺可以观察到成熟卵细胞。酶联免疫吸附测定法分析结果显示，EE2 处理组底鳉体内 E2 含量与对照组相比无明显差异，睾酮的含量随着暴露 EE2 浓度的升高而降低。EE2 处理组底鳉肝脏 *vtg1* 和 *vtg2* 的 mRNA 表达显著升高，但是基因 *cyp11a1*、*cyp19a1*、*esr2a*、*esr2b*、*hsd11b3* 和 *star* 在性腺中的表达没有明显变化。

Korsgaard（2006）研究了代表性环境雄激素 MT 对绵鳚（*Zoarces viviparus*）性腺组织学以及体内卵黄蛋白原（VTG）的影响。10 ng/L、25 ng/L、50 ng/L、100 ng/L 和 500 ng/L 的 MT 暴露绵鳚雌鱼 20 d，而雄鱼先用 50 ng/L 的 E2 暴露 10 d，再用 MT（10 ng/L、25 ng/L、50 ng/L、100 ng/L 和 500 ng/L）暴露 10 d，然后采用 ELISA 方法检测血浆中的 VTG 含量。研究结果显示，MT 暴露雌鱼 20 d 后，雌鱼性腺指数没有任何变化，但是所有浓度的 MT 均降低了雌鱼体内的 VTG 水平，但是只有 100 ng/L 的 MT 效果显著，其他浓度 MT 只有降低 VTG 的趋势。50 ng/L 的 E2 暴露雄鱼 10 d 后，雄鱼性腺指数显著降低，但是雄鱼体内的 VTG 含量显著升高。MT 继续暴露 10 d 后，10 μg/L 和 25 ng/L 的 MT 显著抑制雄鱼的性腺指数，但是高浓度的 MT 组的雄鱼性腺指数和对照组相比没有显著差异，这表明高浓度的 MT 可能会修复精巢被 E2 造成的损伤。

Örn 等（2003）研究了 EE2（1 ng/L、2 ng/L、5 ng/L、10 ng/L 和 25 ng/L）和 MT（26 ng/L、50 ng/L、100 ng/L、260 ng/L、500 ng/L 和 1000 ng/L）对斑马鱼幼鱼（20 dph）卵黄蛋白原含量变化情况，暴露实验持续了 40 d。研究结

果表明，随着 EE2 浓度的升高，斑马鱼幼鱼体内 VTG 的含量逐渐升高，呈正相关，并且在 EE2 浓度大于等于 2 ng/L 的时候，VTG 的含量与对照组相比就显著升高了。而 MT 浓度为 1000 ng/L 的时候同样使 VTG 的含量显著升高，但是低浓度（26～50 ng/L）的 MT 对斑马鱼幼鱼体内 VTG 含量无明显影响，而 100～500 ng/L 的 MT 显著降低了斑马鱼幼鱼体内 VTG 的含量。

Andersen 等（2006）用酶联免疫吸附测定法测定了斑马鱼雄鱼暴露 MT 和 EE2 7 d 后体内 VTG 的含量，MT 的暴露浓度为 2.5 ng/L、5.0 ng/L、10.0 ng/L、25.0 ng/L、50.0 ng/L 和 100.0 ng/L，EE2 浓度为 25 ng/L。研究结果显示，MT（5 ng/L）和 EE2（25 ng/L）暴露 7 d 后，斑马鱼雄鱼体内的 VTG 含量显著升高，而其他浓度的 MT 对雄鱼体内 VTG 的含量无明显影响。有学者研究了用 MT 喂食日本青鳉（*Oryzias latipes*）雄鱼后其体内 VTG 含量的变化，研究结果显示，低浓度的 MT 显著升高了青鳉体内 VTG 的含量，而高浓度的 MT 对青鳉 VTG 含量无明显影响（Chikae et al., 2004）。

卵黄蛋白原已成为近年来研究 EDCs 活体筛选最重要的生物标志物。壬基酚可以诱导雄鱼 VTG 的生成（Han et al., 2004）。环境雌激素均能引起青鳉雄鱼肝脏中 *vtg1* 和 *vtg2* 基因表达的升高（Yamaguchi et al., 2005），越来越多的学者通过鱼类等水生动物研究 VTG 在 EDCs 检测方面的应用。

吴楠等（2007）对罗氏沼虾进行了壬基酚和雌二醇的暴露实验，用半定量 RT-PCR 的方法检测了罗氏沼虾暴露壬基酚和雌二醇 3 d 和 5 d 后 *vtg2* 基因转录水平的表达变化，研究结果显示，在 100 μg/L 的壬基酚暴露 3 d 和 5 d 后，*vtg2* 基因在 mRNA 表达水平都很高，但是 0.01 μg/L 的壬基酚暴露 3 d 和 5 d 后，*vtg2* 基因的表达无明显变化。而雌二醇在 1 μg/L 和 0.01 μg/L 的时候对 *vtg2* 基因的表达均升高。

1.3 类固醇激素合成相关酶类及其基因

类固醇激素是由胆固醇经过一系列酶类的催化而形成的，本研究中的类固醇激素主要指的是性激素，也就是动物体内的荷尔蒙，性激素在动物体内行使着重要的生理机能，保证性腺分化的正常进行，促进精子和卵细胞的成熟，维持脊椎动物的第二性征等。

在性激素合成过程中，胆固醇首先要经过线粒体膜，被转运到线粒体内部，胆固醇的跨膜运输是由类固醇急性调节蛋白催化完成的（Clark and Stocco，1996；Stocco et al.，2005；Skolness et al.，2011），编码这个酶的基因叫类固醇急性调节蛋白基因（*StAR*）。外源雌激素可以激活基因 *StAR* 的转录（Arukwe，2008；Stocco et al.，2001）。随后，胆固醇（Cholesterol）要被胆固醇侧链裂解酶（CYP11A1）催化成孕烯醇酮（Skolness et al.，2011），编码这个酶的基因称为胆固醇侧链裂解酶基因（*cyp11a1*）。3β-羟化类固醇脱氢酶（3β-HSD）把孕烯醇酮（Pregnenolone）催化成为孕酮（Pregnendione）（Arukwe et al.，2008；Sakai et al.，1994），孕酮经过 17α-羟化酶/17,20 碳链裂解酶（17α-hydroxylase/ 17,20-lyase 1，CYP17A1）的催化作用，被催化成了雄烯二酮（Kumar et al.，2000；Skolness et al.，2011）。雄烯二酮（Androstenedione）在 17β-羟化类固醇脱氢酶（17β-HSD）的作用下被催化成了 T，在雌鱼体内，T 被芳香化酶（CYP19A1A，*cyp19a1a*）芳香化成了雌激素（Simpson et al.，1994；Wang et al.，2010；Tang et al.，2010；Callard et al.，2011；Kato et al.，2004；Sanderson，2006），也就是雌二醇（Estrone，E2），在雄鱼精巢中，T 被 11β-羟化酶（P45011β-hydroxylase，*cyp11b1*）和 11β-羟化类固醇脱氢酶（11β-hydroxysteroid dehydrogenase，11β-HSD）催化成雄鱼特有的雄性激素 11-KT（Jiang et al.，2003；Baker，2010；Jiang et al.，1996；Kusakabe et al.，2002；Yokota et al.，2005）。如图 1-5 所示，就是胆固醇进入线粒体之后的一系列酶催化的过程，最后合成可以被利用的雌二醇（17β-estradiol，E2）和 11-KT 等激素。雌素酮（Estrone）和雌二醇的互相转化时需要 17β-羟化类固醇脱氢酶-I（17β-HSD）的催化（Kazeto et al.，2000）。前人研究表明，20β-羟化类固醇脱氢酶（20β-HSD）是卵巢中催化卵细胞的成熟，主要作用是催化 17α-羟基孕酮转化成卵母细胞成

熟诱导激素 17 α ,20 β – 双羟孕酮（ 17 α ,20 β –dihydroxy–4–pregnen–3–one ）
（ Guan et al., 1999; Jeng et al., 2012 ）。

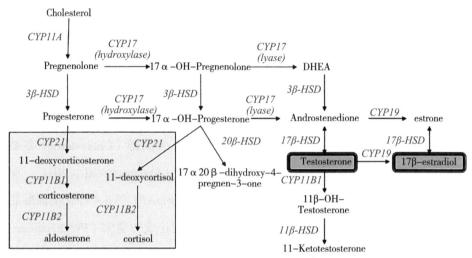

正常背景的途径代表在鱼类性腺里，右下方灰色背景的步骤是在肾上腺中。*CYP11A*. 胆固醇侧链裂解酶；
3β-HSD. 3 β – 羟化类固醇脱氢酶；*CYP17*. 17 α – 羟化酶 /17,20 碳链裂解酶；*11β-HSD*. 11 β – 羟化类固
醇脱氢酶；*CYP19*. 芳香化酶；*20β-HSD*. 20 β – 羟化类固醇脱氢酶；*17β-HSD*. 17 β – 羟化类固醇脱氢酶；
CYP11B. 11b 羟化酶；*CYP21*. 21 羟化酶。

图 1–5　鱼类性腺类固醇激素合成主要步骤（ Villeneuve et al.，2007 ）

1.4　EDCs 对水生生物性腺及脂质代谢的影响

在生物体内，EDCs 可以模拟体内天然存在的类固醇激素作用对机体的生
殖系统和激素水平等产生影响（ Colborn et al.，1993; Myers et al.，2009 ）。在
机体暴露或者经常接触 EDCs 的时候，生物的生殖系统、内分泌系统和神经
系统易受到有害物质的干扰（ Singleton et al.，2006; Welshons et al.，2003 ）。
环境内分泌干扰物的最终聚集地大多为水环境中，所以，近年来，越来越多
的学者开始重视环境内分泌干扰物对水生生物生殖发育影响的研究。EDCs 最
直接的有害作用就是对水生生物性腺造成的影响，比如抑制性腺的发育，阻
碍精子和卵母细胞的成熟等，造成性腺发育受阻的原因就是生物体内激素分
泌的异常（ Choi and Lee，2004; Ankley et al.，2009 ）。EDCs 影响激素的合成

和分泌，那么首先会影响性激素合成过程中相关基因 mRNA 的表达，因为激素的合成是受到一系列酶类及其基因调控和催化的。

在 100 ng/L 的 E2 和 600 μg/L 的 BPA 暴露下，花斑溪鳉（*Kryptolebias marmoratus*）幼鱼 4 d 后，基因 *StAR* 的转录被显著激活，表明内源性雌激素 E2 和外源性雌激素 BPA 可以激活类固醇合成途径，使花斑溪鳉幼鱼体内类固醇合成速度加快（Rhee et al., 2011）。还有人研究了大马哈鱼幼鱼暴露在有机氯农药滴滴涕（*p, p*–DDE）下，脑中的基因 *StAR* 和 *cyp11a1* 的表达均升高了，表明环境雌激素可以激活类固醇激素的合成（Arukwe, 2008）。

Meina 等（2013）用不同浓度的 EE2（50 ng/L 和 250 ng/L）暴露底鳉（*fundulus heteroclitus*），同时采用不同的盐度和温度进行暴露实验，暴露时间为 14 d。研究结果表明，250 ng/L 的 EE2 暴露 14 d 后，底鳉体内的雌二醇（E2）含量显著降低。但是当升高暴露温度的时候，刺激了底鳉雌雄鱼性腺的发育，体内雌二醇（E2）的含量显著升高，而雄激素 11–KT 的含量却显著降低。EE2 对性腺发育的阻碍作用消减了高温对性腺发育的刺激作用，而 *cyp19a1a* 却没有受到 EE2 处理的影响。

Kortner 等（2007）用实时荧光定量 PCR 的方法研究了大西洋鳕鱼（*Gadus morhua*）暴露不同浓度的 MT（1 ～ 1000 μmol/L）1 ～ 20 d 类固醇合成相关基因（*StAR*、*cyp11a1* 和 *cyp19a1a*）表达的变化情况。研究结果表明：100 μmol/L 和 1000 μmol/L 的 MT 暴露大西洋鳕鱼 1 d 和 5 d 的时候，基因 *StAR* 在卵巢中的表达显著升高，而其他浓度和其他暴露时间均对卵巢中的基因 *StAR* 的表达无显著影响。而卵巢基因 *cyp11a1* 在暴露 MT 所有浓度 5 d 的时候表达均被显著抑制，暴露 10 d 的时候，10 μmol/L 和 1000 μmol/L 的 MT 显著抑制了基因 *cyp11a1* 的表达。卵巢基因 *cyp19a1a* 的表达在 1000 μmol/L 的 MT 暴露 1 d 的时候就显著升高，暴露 5 d 的时候，均无明显变化，暴露 10 d 的时候，1000 μmol/L 的 MT 反而显著抑制了卵巢中基因 *cyp19a1a* 的表达，暴露 20 d 的时候，雌鱼性腺中的基因 *cyp19a1a* 被 MT（1 ～ 1000 μmol/L）显著激活其转录。Andersen 等（2006）研究结果显示不同浓度的 MT 对斑马鱼雄鱼脑中的基因 *cyp19a1b* 和精巢中的基因 *cyp19a1a* 的 mRNA 表达均无显著影响。然而，

Stocco 等（2001）和 Arukwe（2008）的研究表明，类固醇急性调节蛋白基因（StAR）很容易被外源雌激素激活，使其在 mRNA 水平的表达显著升高。

本实验室之前的研究表明，受精后 31 d（31 dpf）的稀有鮈鲫幼鱼暴露乙炔雌二醇（0.01 nmol/L、0.1 nmol/L 和 1 nmol/L）、壬基酚（10 nmol/L、100 nmol/L 和 1000 nmol/L）和双酚 A（0.1 nmol/L、1 nmol/L 和 10 nmol/L）后，基因 cyp19a1a 和 cyp19a1b 的表达均受到影响，暴露 3 d 的时候，1 nM 的乙炔雌二醇使基因 cyp19a1a 在转录水平的表达显著下降，10 nmol/L 和 100 nmol/L 的壬基酚显著抑制了基因 cyp19a1a 的表达，然而，1000 nmol/L 的壬基酚却对基因 cyp19a1a 没有明显的影响。10 nM 的双酚 A 暴露 3 d 的时候，基因 cyp19a1a 在转录水平的表达被显著抑制。雌激素受体可能是基因 cyp19a1a 转录的激活因子，因此环境雌激素可能抑制了 ER 的活性，因而抑制了 cyp19a1a 在转录水平的表达（Wang et al., 2010）。Kazeto 等（2004）认为外源雌激素 EE2 暴露后基因 cyp19a1a 的表达降低的主要原因是外源激素的毒性所致，并不是直接作用启动区的转录元件。

Filby 等（2007）研究了抗雄激素药物氟他胺（Fiutamide，320 μg/L）和乙炔雌二醇（10 ng/L）对黑头软口鲦的影响，暴露 21 d 后，用 qRT-PCR 的方法研究了 StAR、cyp17a1、cyp19a1a、cyp19a1b、11β-HSD 和 17β-HSD 在精巢和卵巢中的表达变化情况，研究结果显示，氟他胺和乙炔雌二醇使基因 cyp19a1a 在精巢中的 mRNA 表达显著升高，而雌鱼卵巢中 cyp19a1a 的表达却无变化。但是雌鱼卵巢中的基因 cyp19a1a 的表达被氟他胺和乙炔雌二醇显著激活其转录。cyp19a1b 在卵巢中的表达被两种药物均显著激活了其转录。对于基因 StAR 而言，乙炔雌二醇显著抑制了其在雄鱼精巢中的转录。而 cyp17a1 和 17β-HSD 在精巢中的转录被乙炔雌二醇显著抑制，但是在卵巢中的转录却被乙炔雌二醇激活。11β-HSD 在精巢和卵巢中的表达均被氟他胺显著激活其转录。

前人研究不同浓度的雌二醇和壬基酚暴露河虹银汉鱼（Melanotaenia fluviatilis），结果表明雌二醇（1 μg/L）暴露 1 d、2 d、3 d 和 4 d 均显著抑制了基因 cyp19a1a 在卵巢中的表达，当雌二醇的浓度达到 3～5 μg/L 的时候，暴露的 1 ～ 4 d 中均检测不到 *cyp19a1a* 的 mRNA 表达了。100 μg/L 的壬基酚也显著抑制了卵巢基因 *cyp19a1a* 的表达，500 μg/L 的壬基酚严重抑制了卵巢中的基因 *cyp19a1a* 的 mRNA 表达（Shanthanagouda et al.，2012）。这表明雌二醇和壬基酚均抑制体内雌激素的合成。

Yokota 等（2005）用壬基酚（62.2 μg/L、121 μg/L、238 μg/L、413 μg/L 和 783 μg/L）处理雄性青鳉（体重 250 mg 左右，体长 30 mm 左右），暴露一段时间后采用半定量 RT–PCR 的方法检测精巢中基因 *cyp11b1* 的 mRNA 表达量，研究结果发现高浓度（413 μg/L 和 783 μg/L）的壬基酚处理后精巢中已经完全检测不到雄激素合成相关基因 *cyp11b1* 的存在，低浓度 NP 处理后基因 *cyp11b1* 的 mRNA 表达也显著降低，这说明雌激素壬基酚阻碍了雄鱼精巢中雄激素的合成。

雄激素睾酮（Testosterone，T）可以直接影响脂肪细胞关键功能，作为一种外源调节物质参与脂质代谢（Nogowski et al.，2019）。MT 对斑马鱼具有潜在的遗传毒性，同时会破坏鱼体内正常生物酶活性代谢（Rivero–Wendt et al.，2020）。甲基睾酮可以干扰脂质代谢过程，增加其腹部脂肪积累，促进极低密度脂蛋白合成，从而引起脂质代谢紊乱（Leão et al.，2006）。注射不同形式和水平的睾酮和睾酮类似物可以显著增加肝脏中甘油三酯含量，而甘油三酯是脂质代谢过程中的重要组成物质，其含量变化会导致动物肝脏脂质代谢紊乱，引起脂肪沉积（Chen et al.，2010）。

脂质代谢是维持生命活动的基本代谢，其代谢过程复杂多变，是由多种基因及其编码合成的酶共同作用、相互协调分工完成。脂肪酸合成酶（Fatty acid synthase，FAS）是脂肪酸从头合成的关键酶，由 fasn 编码合成，主要在肝脏和脂肪组织中表达（Angeles et al.，2016），因此可以通过调控 *fasn* 基因表达以及 FASN 的酶活性从而调控脂肪酸的合成效率。肉毒碱棕榈酰基转移酶 1（CPT1）是脂肪酸 β 氧化过程中的限速酶。不同组织中 CPT1 的活性不同，其中肝脏中的 CPT1 活性最强（Houten et al.，2020）。甘油 –3– 磷酸酰基转移酶（Glycerol–3–phosphate acyltransferase，GPAT）是甘油三酯形成过程中重要的催化酶（Alves–Bezerra and Gondim，2012），激素敏感脂肪酶（HSL）

是调控机体内能量代谢平衡稳态的重要物质。测定其酶活性变化，可以有效判断生物体脂质代谢的基本情况（Bertile et al., 2011）。

1.5 酶联免疫吸附测定法

酶联免疫吸附测定法采用抗原与抗体的特异反应，将待测物与酶连接，然后通过酶与底物产生颜色反应，对受检物质进行定性或定量分析的一种检测方法。抗原抗体的结合发生在抗原的决定簇与抗体的结合位点之间。化学结构和空间构型互补关系，具有高度的特异性。因此，在很多时候，测定某一特定的物质不需分离待测物。

1.5.1 双抗体夹心法

首先，将含有已知抗体的抗血清吸附在微量滴定板上的小孔里，洗涤一次；然后加待测抗原，如两者是特异的，则发生结合，把多余抗体洗除；加入与待测抗原呈特异的酶联抗体（二抗），使形成"夹心"；加入该酶的底物，若看到有色酶解产物产生，说明在孔壁上存在相应的抗原。

此法适用于检验各种蛋白质等大分子抗原，但是不适用于测定半抗原及小分子单价抗原，因其不能形成两位点夹心。只要获得针对受检抗原的特异性抗体，就可以用于包被固相载体和制备酶结合物而建立此法。

1.5.2 双抗原夹心法

反应模式与双抗体夹心法类似，用特异性抗原进行包被和制备酶标结合物。此法中受检标本不须稀释，可直接用于测定，因此其敏感度相对高于间接法。乙肝标志物中抗HBsAg的检测常采用该法。该法关键在于酶标抗原的制备，应根据抗原结构的不同，寻找合适的标记方法。

1.5.3 间接法测抗体

间接法是测抗体常用的方法，其原理是利用酶标记的抗抗体（抗人免疫球蛋白抗体）以检测与固定相抗原结合的受检抗体，因此称为间接法。间接法的操作步骤如下。

（1）将特异性抗原与固相载体连接，形成固相抗原。洗涤除去未结合的抗原及杂质。

（2）加稀释的受检血清，保温反应。血清中的特异抗体与固相抗原结合，形成固相抗原抗体复合物，经洗涤后，固相载体上只留下特异性抗体，血清中的其他成分在洗涤过程中被洗去。

（3）加酶标抗抗体。可用酶标抗人 Ig（免疫球蛋白）以检测总抗体，但一般多用抗人 IgG 检测 IgG 抗体。固相免疫复合物中的抗体与酶标抗抗体结合，从而间接地标记上酶。洗涤后，固相载体上的酶量与标本中受检抗体的量正相关。

（4）加底物显色。间接法主要用于对病原体抗体的检测而进行传染病的诊断。优点是只要变换包被抗原就可利用同一酶标抗抗体建立检测相应抗体的方法。

1.5.4　竞争法测抗体

当抗原材料中的感染物质不易除去，或者不易得到足够的纯化抗原时，可以用此方法检测特异性抗体。其原理为标本中的抗体和一定量的酶标抗体竞争与固相抗原结合。标本中抗体量越多，结合在固相上的酶标抗体越少，因此，阳性反应呈色浅于阴性反应。如抗原为高纯度的，可直接包被固相。如抗原中会有干扰物质，直接包被不易成功，可采用捕获包被法，即先包被与固相抗原相应的抗体，然后加入抗原，形成固相抗原。洗涤除去抗原中的杂质，然后再加标本和酶标抗体进行竞争结合反应。竞争法测抗体有多种模式，高频红外碳硫分析仪可将标本和酶标抗体与固相抗原竞争结合，抗HBcELISA 一般采用此法。另一种模式为将标本与抗原一起加入固相抗体中进行竞争结合，洗涤后再加入酶标抗体，与结合在固相上的抗原反应。抗HBe 的检测一般采用此法。竞争法测抗原小分子抗原或半抗原因缺乏可作夹心法的两个以上的位点，因此，不能用双抗体夹心法进行测定，可以采用竞争法模式。其原理是标本中的抗原和一定量的酶标抗原竞争与固相抗体结合。标本中抗原量含量越多，高频红外碳硫分析仪结合在固相上的酶标抗原越少，最后的显色也越浅。小分子激素、药物等 ELISA 测定多用此法。

1.5.5 竞争法测抗原

小分子抗原或半抗原缺乏可作为夹心法的两个以上的位点，因此不能用双抗体夹心法进行测定，可以采用竞争法模式。其原理是标本中的抗原和一定量的酶标抗原竞争与固相抗体结合。标本中的抗原含量越多，结合在固相上的酶标抗原越少，最后显色也越浅。小分子激素、药物等多用此法。

1.5.6 捕获包被法

以 IgM 抗体为例。血清中针对某些抗原的特异性 IgM 常和非特异性 IgM 以及特异性 IgG 同时存在，后者会干扰 IgM 的测定。捕获法则较好地解决了上述问题。其原理是先用抗人 IgM（μ 链）抗体包被固相载体，使血清中所有 IgM（包括特异性与非特异性 IgM）均固定在固相上，经洗涤去除 IgG 后，再测定特异性 IgM。此方法目前主要用于检测各类早期感染的特异性抗体 IgM。

1.5.7 ABS–ELISA

ABS 为亲和素（Avidin）生物素（Biotin）系统（System）的缩略语。亲和素是一种糖蛋白，分子量 60000 Da，每个分子由四个能和生物素结合的压机组成。生物素为小分子化合物，分子量 244 Da。用化学方法制成的衍生物素 – 羟基琥珀酰亚胺酯可与蛋白质和糖等多种类型的大小分子形成生物素标记产物，标记方法颇为简便。生物素与亲和素的结合具有很强的特异性，其亲和力较抗原抗体反应大得多，两者一经结合就极为稳定。由于一个亲和素可与四个生物素分子结合，因此可以把 ABS 与 ELISA 法分为酶标记亲和素 – 生物素法（LAB）和桥连亲和素 – 生物素法（ABC）两种类型。在 LAB 中，固相生物素先与不标记的亲和素反应，然后再加酶标记的生物素以进一步提高敏感度。在早期，亲和素从蛋清中提取，这种卵亲和素为碱性糖蛋白，与聚苯乙烯载体的吸附性很强，用于 ELISA 中可以本底增高。从链霉菌中提取的链霉亲和素则无此缺点，在 ELISA 应用中有替代前者的趋势。由于 ABS-ELISA 较普通 ELISA 多用两种试剂，增加了操作步骤，在临床检验中 ABS-ELISA 应用不是很多。

1.6 数字基因表达谱测序

数字基因表达谱（Digital Gene Expression Profiling，DGE）利用新一代高通量测序技术和高性能计算分析技术，能够全面、经济、快速地检测某一物种特定组织在特定状态下的基因表达情况。数字基因表达谱已被广泛应用于基础科学研究、医学研究和药物研发等领域。

1.6.1 数字基因表达谱测序原理

数字基因表达谱是通过对样本中的 mRNA 标签进行直接测序的技术，该技术是转录组学研究中的一个新的研究方法（Velculescu and Kinzler，2007）。数字基因表达谱将高通量测序与计算机分析技术结合起来，可系统分析某一样品在特定条件下基因表达情况。运用数字基因表达谱对不同样本中所有 mRNA 进行测序，并对不同样本中表达序列标签进行标准化处理，定量分析样本中不同基因的表达水平。该技术有助于我们大规模检测不同样本中基因的表达水平，筛选差异表达基因，为之后的深入研究奠定基础（图 1-6）。

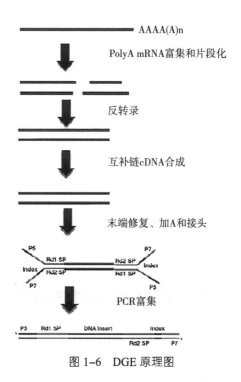

图 1-6 DGE 原理图

1.6.2 数字基因表达谱测序优点

和以往的测序技术相比，DGE 测序通量大，一次测序样本数可达百万以上，能检测到更多的基因；深度测序保证了抽样随机性，重复性较强；数字基因表达谱以数字化信号反映基因的表达情况，通过计算特异标签的数目反映基因的表达水平，且灵敏度高，能检测到表达丰度低的基因；实验简单，数字化信号，背景噪声低；此技术不依赖已知基因，可以检测未知基因的表达，有利于新基因的发现。数字基因表达谱测序技术应用十分广泛，在基础科学研究、药物研发和医学研究等领域都有应用。

1.6.3 数字基因表达谱测序步骤

提取样本总 RNA，利用 Oligo（dT）磁珠纯化 mRNA，并以 Oligo（dT）反转录合成 cDNA。利用 NlaⅢ或者 DpnⅡ识别并切断 cDNA 上的 CATG 位点，之后利用磁珠沉淀纯化带有 cDNA 3′端的片段，将其 5′末端连接 Illumina 接头 1。Illumina 接头 1 与 CATG 位点的结合处是 Mmel 的识别位点，Mmel 是一种识别位点与酶切位点分离的内切酶，酶切 CATG 位点下游 17 bp 处，这样就产生了带有接头 1 的 Tag。通过磁珠沉淀去除 3′片段后，在 Tag 3 末端连接 Illumina 接头 2，从而获得两端连有不同接头序列的 21 bp 标签库。经过 15 个循环的 PCR 线性扩增后，通过 6% TBE PAGE 胶电泳纯化 105 碱基条带，解链后，单链分子被加到 Illumina 测序芯片（Flowcell）上并固定，每条分子经过原位扩增成为一个单分子簇（Cluster）测序模板，加入 4 色荧光标记的 4 种核苷酸，采用边合成边测序法（Sequencing by synthesis，SBS）测序。每个通道将产生数百万条原始 Reads，Reads 的测序读长为 49 bp。

1.7 水环境中毒性试验材料

为了评价环境内分泌干扰物对生态环境的影响，我们必须选择一种模式生物作为试验材料。环境内分泌干扰物一般情况下最终都聚集在了水环境中，那么我们就要选择一种水生生物作为试验材料，鱼类理所当然就成了学者们的研究对象。众所周知，作为毒性试验材料，必须易于饲养，对毒物有高敏感性，同时需要具备性成熟时间和性周期较短的优点。如经济合作与发展组织（OECO）、国际标准化组织（ISO）、美国试验与材料协会（ASTM）以及美国环境保护局（USEPA）等推荐使用斑马鱼（*Danio rerio*）和黑头软口鲹（*Pimephales promelas*）等小型鱼类。温淑敏（2008）以唐鱼（*Tanichthys albonubes*）作为毒性试验材料，研究了乙炔雌二醇对唐鱼卵黄蛋白原和性腺发育的影响。唐鱼，隶属鲤科鱼类，1932年，在广州白云山首次发现，是我国早期鱼类学家林书颜先生命名的，曾一度被认为野生种群已经在原产地灭绝，但是也有报道在珠江三角洲和广州地区发现过唐鱼的野生种群（Yi et al.，2004）。Chen（2005）一直致力于唐鱼的生物学特性及实验动物化研究。而我们国家近年来已经发现了一种易于繁殖和饲养的模式生物——稀有鮈鲫，它具有毒性试验材料应该具有的特点。

1.7.1 稀有鮈鲫（*Gobiocypris rarus*）生活习性与分布

稀有鮈鲫（*G. rarus*）是鲤科，鮈科，鮈鲫属。是中国特有的一种模式生物，易于在实验室饲养，繁殖周期短，分布于我国四川省汉源县和石棉县等地。

1.7.2 稀有鮈鲫作为毒性试验材料具有的优点

我国许多科研单位采用青、草、鲢、鳙四大家鱼等的鱼种作为急性毒性试验材料。但是四大家鱼繁殖周期较长，因而实验周期也较长。近年来，国家环保局推荐使用斑马鱼作为试验材料，但是斑马鱼资源退化，难以推广。基于上述原因，试验材料鱼已成为我国环境内分泌干扰物研究者们最关注的问题之一。

稀有鮈鲫（*G. rarus*）是我国特有的一种小型鱼类，王剑伟（1992）对其生物学进行了研究，发现其性成熟时间短，繁殖季节长，而且在人工控制饲养条件下可常年繁殖，在实验室易于饲养。通过王剑伟（1992）和周永欣

（1995）的研究，从水生毒理学角度对稀有鮈鲫作为毒性试验材料的可行性进行了研究，研究结果发现，稀有鮈鲫作为我国特有的毒性试验材料，可以作为一种模式生物进行有关科学研究。

1.8 研究的目的与意义

关于 EDCs 对水生生物危害的研究已经有较多的报道，并且已经证明 EDCs 严重危害生物的生殖系统、内分泌系统等。但是，到目前为止，关于 EDCs 在生物体内的作用途径和分子机理的研究还是比较少的，因此，本研究稀有鮈鲫成鱼暴露 MT 和 EE2 后性腺组织学变化情况，可以进一步证实环境激素在什么浓度、什么时间对鱼类造成的生殖危害。同时，采用 qRT-PCR 的方法检测了类固醇合成相关基因 mRNA 及脂质代谢相关基因的表达，通过分析 EDCs 对类固醇合成相关基因 mRNA 表达量的影响，寻找敏感的生物标志物来检测环境中的 EDCs，并为环境激素提供早期预警的生物标志物。进一步阐明环境雌激素和环境雄激素在稀有鮈鲫体内的作用途径，为环境内分泌干扰物的研究提供可靠的理论基础。本研究还进一步研究了作为中国特有的毒性试验材料稀有鮈鲫在研究 EDCs 方面具有的高敏感性的特点。本研究在生态环境检测及保护方面具有深远的意义。

2 类固醇激素合成相关基因的克隆、序列分析及其表达

类固醇激素合成急性调节蛋白（StAR）的主要作用是在胆固醇进入线粒体膜的这一步起着重要作用的，因此称为急性调节蛋白，编码基因为 *StAR*。随后，细胞色素 P450 胆固醇侧链裂解酶（CYP11A1，*cyp11a1*）是将进入线粒体的胆固醇催化形成孕烯醇酮。3β – 羟基类固醇脱氢酶（3β –HSD，*3β-HSD*）属于膜结合蛋白，3β –HSD 是把孕烯醇酮催化成孕酮的酶类。17α – 羟 化 酶 /17,20 碳 链 裂 解 酶（CYP17A1，*cyp17a1*）催 化 脱 氢 表 雄酮（Dehydroepiandrossterone，DHEA）形成。11β – 羟 基 类 固 醇 脱 氢 酶 2（11β –HSD2）在鱼体内的主要作用是把睾酮 T 转化成 11 酮基睾酮 11–KT。而芳香化酶（CYP19A1A，*cyp19a1a*）是把睾酮 T 催化成雌二醇 E2 的酶，芳香化酶的数量和活性直接决定着鱼类体内和组织中雌激素的水平（Rasheeda et al., 2010a）。

2.1 实验材料

2.1.1 稀有鮈鲫

稀有鮈鲫 8 月龄成鱼，从中国科学院水生生物研究所（武汉）购买。

成鱼用红虫饲喂（每天一次）；养鱼的水是曝气 24 h 后的自来水，每天换掉一半水的同时，吸出缸底的残饵和粪便。

饲养条件：25℃ ± 1℃，光周期 14 h：10 h（明 / 暗，light/dark）。

2.1.2　实验试剂

Trizol Reagent、RACE 试剂盒（Invitrogen）。

RevertAid™ First Strand cDNA Synthesis Kit（Fermentas）。

6×Loading Buffer、Taq DNA 聚合酶、pMD18–T vector（大连宝生物公司）。

X–Gal、IPTG、氨苄青霉素（Amp）（美国 Sigma 公司）。

dNTP mix、DNA Marker（DL 2000）（大连宝生物公司）。

NaCl、CaCl$_2$、焦碳酸二乙酯（diethyl pyrocarbonate，DEPC）等。

详细的实验试剂见附录 1。

2.1.3　实验仪器

微量移液器（Eppendorf）、超低温冰箱 Fouma 700 SERIES（Thermo）等，详细的实验仪器见附录 2。

2.1.4　主要实验溶液及配制

50×TAE 缓冲、LB 液体培养基、2% X–gal、20% IPTG、LB 固体培养基等的配制方法见附录 3。

2.2　实验方法

2.2.1　类固醇合成相关酶类基因全长 cDNA 的克隆

本研究首先采用普通 PCR 获得了类固醇合成相关基因 *StAR*、*cyp11a1*、*3β-HSD*、*cyp17a1* 和 *11β-HSD2* 的 中 间 片 段，然 后 采 用 RACE（Frohman et al.，1988）方法获得了 5 个基因的 3′ 和 5′ 末端序列。

2.2.1.1　类固醇合成相关酶类基因中间片段的克隆

（1）引物的设计与合成。

在 GenBank 中搜索并下载已经发表的鱼类的 *StAR*、*cyp11a1*、*3β-HSD*、

cyp17a1 和 *11β-HSD2* 基因的 cDNA 序列，分别经 MegAlign 软件比对，找到各基因不同鱼类或者物种的保守区域，本实验分别用表 2-1 中序列进行比对，找到类固醇合成相关基因各自的保守区域。

表 2-1　设计中间片段引物参考的序列

基因	参考序列	GenBank 序号
StAR	斑马鱼（*Danio rerio*）	NM_131663
	黑头软口鲦（*Pimephales promelas*）	DQ360497
	鲤鱼（*Cyprinus carpio*）	EU519825
	日本鳗鲡（*Anguilla japonica*）	AB095110
cyp11a1	斑马鱼（*D. rerio*）	XM_686725
	斑点叉尾鲴（*Ictalurus punctatus*）	NM_001200312
	青鲈（*Tautogolabrus adspersus*）	GU596480
	青鳉（*Oryzias latipes*）	NM_001163086
3β-HSD	斑马鱼（*D. rerio*）	XM_689112
	青鳉（*O. latipes*）	NM_001137565
	罗非鱼（*Oreochromis niloticus*）	EU827280
	虹鳟（*Oncorhynchus mykiss*）	S72665
cyp17a1	斑马鱼（*D. rerio*）	BC117612
	黑头软口鲦（*P. promelas*）	AJ2277867
	青鳉（*O. latipes*）	NM_001105094
	日本鳗鲡（*A. japonica*）	AY498619
11β-HSD2	斑马鱼（*D. rerio*）	NM_212720
	日本鳗鲡（*A. japonica*）	AB061225
	虹鳟（*O. mykiss*）	AB104415
	罗非鱼（*O. niloticus*）	AY190043

找好各个基因的保守区域后，我们利用 Primer Premier 5.0 软件（Premier Biosoft International, USA），按照引物设计原则分别设计扩增稀有鮈鲫 *StAR*、*cyp11a1*、*3β-HSD*、*cyp17a1* 和 *11β-HSD2* 基因中间片段的特异性引物（表 2-2）。

表2-2　扩增中间片段的引物序列

引物名称	基因	引物序列 5'—3'
StAR–F	StAR	GGCATTTCTTACAGACACATG
StAR–R		TGTGAAAGTACTCGGTTGATG
cyp11a1–F	cyp11a1	GCCGACCGATGTATCCAGA
cyp11a1–R		CAGTGGTTTGATGGTCAGTATG
3β-HSD–F	3β-HSD	CATTGAGGTGGCTGGTCCC
3β-HSD–R		CGCCTCTTCCCATTCATAGC
cyp17a1–F	cyp17a1	GCAAAGGACAGCTTGGTGGATAT
cyp17a1–R		CGCCGAGACAAACACGCA
11β-HSD2–F	11β-HSD2	GCAATGGGGTTTGAAGTGTT
11β-HSD2–R		CACGAGGCATCACTTTCTTCT

引物由南京金斯瑞生物科技有限公司合成，按照引物单子上的要求用经过高压灭菌的去离子水稀释至 100 µmol/L 引物母液，低速涡旋混匀，充分溶解后，按照需要浓度稀释，–20℃保存备用。

（2）总 RNA 的提取。

①实验前的准备工作。在通风橱中，用 0.1%（v/v）浓度的焦碳酸二乙酯溶液（DEPC）处理离心管、枪头，以及眼科小剪刀、镊子、研磨棒等相关解剖器具。高压灭菌 20 min 后备用。

② Trizol 一步法提取稀有鮈鲫成鱼性腺和肝脏组织的总 RNA，具体步骤详见附录4。

③ RNA 质量检测和浓度测定。

a. 琼脂糖凝胶的配制。1% ～ 2% 浓度（m/v）琼脂糖凝胶的具体配制步骤详见附录5。

b. RNA 电泳检测。总 RNA 用质量浓度 1% 的琼脂糖凝胶检测其完整性。然后测定 OD 值，采用紫外分光光度计测量 RNA 样品在 230 nm、260 nm 和 280 nm 处的吸光值，比较 A_{260}/A_{230} 和 A_{260}/A_{280} 的比值，以确定提取的总 RNA 样品的质量和浓度。选用 A_{260}/A_{280} 的比值在 1.95 ～ 2.05 的 RNA 用于后续实验。

（3）反转录。把提取的总 RNA 中的 mRNA 利用逆转录酶人工合成双链 DNA 的过程，这一步反应使用反转录试剂盒来完成的。按照 RevertAid™ First Strand cDNA Synthesis Kit（Fermentas，Canada）说明书进行操作，具体步骤详见附录6。

（4）PCR 扩增。以稀有鮈鲫性腺中 RNA 反转录获得 cDNA 为模板，以特异引物 F 和 R 进行 PCR 扩增。向 PCR 管中加入以下各组分（表2–3）。

表2–3　PCR 扩增组分及用量

组分	用量 /μL
cDNA 模板	1
10×PCR 缓冲液	2.5
10 mM dNTP mix	0.5
10 μM 上游引物	1
10 μM 下游引物	1
5 U/μL Taq DNA 酶	0.1
双蒸水	18.9
合计	25

PCR 仪上反应条件为：

94℃ 5 min

94℃ 30 s

60℃ 1 min　｝ 40 个循环

72℃ 1 min

72℃ 10 min

4℃ 保存

反应结束后取 6 μL PCR 产物，用质量浓度 2.0% 的琼脂糖凝胶进行电泳检测。

（5）PCR 产物的纯化回收。按照 DNA 凝胶回收与纯化试剂盒（DNA Extraction Kit）中的操作手册回收目的基因片段，具体步骤详见附录7。

（6）中间片段与 T 载体连接。将纯化回收的 cDNA 片段连接到 pMD18–T 载体，连接体系为 10 μL，反应体系 4℃过夜放置连接 12 ～ 16 h。各组分如下

（表2-4）。

表2-4 连续体系组分

组分	用量/μL
cDNA	4
Solution Ⅰ	5
pMD18-T	1
合计	10

（7）转化。

①制备感受态细胞。感受态细胞就是经过适当处理后容易接受外来DNA进入的细胞。如大肠杆菌经$CaCl_2$处理，就成为容易受质粒DNA转化的细胞，本研究采用大肠杆菌处理后的感受态细胞，详细的制备方法和步骤见附录8。

②转化。

a. 无菌操作台紫外线灭菌30 min。

b. 在已制备好的琼脂平板培养基中加入100 μL的LB培养液、14 μL 20%的IPTG和80 μL 2% X-gal混合液，涂布均匀后，37℃恒温约2 h至液体吸收。

c. 将10 μL连接液加入自制的100 μL感受态细胞中，冰中静止放置30 min。

d. 42℃水浴90 s后，冰浴4 min。

e. 将290 μL无抗性（不加Amp）的LB液体培养基加入离心管中，把上述处理后感受态和连接液加入含有290 μL无抗性的LB液体培养基中，恒温振荡培养箱中复苏约1 h（80 r/m；37℃）。

f. 将复苏结束的菌液均匀涂在之前准备好的平板培养基上，置于37℃培养箱中，倒置培养。

g. 37℃恒温过夜培养（12～16 h）后可见培养基中长有许多单一菌落。

h. 当菌落大小长至一定程度时，将培养皿倒置于4℃冰箱中显色1～2 h，蓝白斑清晰可见。

（8）PCR检测阳性克隆。用已经高压灭菌的牙签挑取白色单个菌落，溶解于 20 μL 经过高压灭菌的去离子水中，把粘有单克隆菌落的牙签在水中搅匀，然后以此菌液为模板，用 T 载体通用引物 M13R（10 μM）和 RVMF（10 μM）进行普通 PCR，以筛选阳性克隆。T 载体通用引物序列如下。

M13R：5′–CGC CAG GGT TTT CCC AGT CAC GAC–3′

RVMF：5′–GAG CGG ATA ACA ATT TCA CAC AGG–3′

采用 25 μL 的 PCR 反应体系，PCR 程序如下：

$$94℃\ 5\ min$$
$$\left.\begin{array}{l} 94℃\ 30\ s \\ 62℃\ 1\ min \\ 72℃\ 1\ min \end{array}\right\}\ 40\ 个循环$$
$$72℃\ 10\ min$$
$$4℃\ 保存$$

PCR 结束后用质量浓度 2% 的琼脂糖凝胶进行电泳检测。

（9）阳性克隆扩大培养。取 2 mL 加有 Amp 的 LB 液体培养基加入经过高压灭菌的 10 mL 的玻璃试管中，然后将 20 μL 含有目的基因的菌液加入其中，置于振荡培养箱中（固定好），以 180 r/min 的转速 37℃ 培养过夜。送南京金斯瑞生物公司测序。

（10）整理测序结果。经 NCBI（http：//www.ncbi.nlm.nih.gov）在线软件 Screen Vec 比对去除测序结果两端的载体序列，经 BLAST 在线进行多重比对，以确定测序正确。

2.2.1.2　RACE 方法克隆类固醇合成相关基因 cDNA 的两端序列

前面已经用特异引物扩增了基因 *StAR*、*cyp11a1*、*3β-HSD*、*cyp17a1* 和 *11β-HSD2* 的 cDNA 中间片段，因此，采用 RACE 技术扩增各类固醇合成相关基因两端的序列，目的是获得基因 *StAR*、*cyp11a1*、*3β-HSD*、*cyp17a1* 和 *11β-HSD2* 的 cDNA 全长。

（1）3′RACE。

①3′RACE 特异性引物的设计与合成。

3′RACE 试剂盒（Invitrogen）中自带有引物：合成第一链 cDNA 的引物 AP 和扩增靶 DNA 用的通用引物 AUAP，因此仅需设计巢式 PCR 所需的两条特异性引物，即外层（靠近 cDNA 中间）3gsp1 和内层 3gsp2。

引物 AP 和 AUAP 的序列如下。

AP：5′–GGC CAC GCG TCG ACT AGT ACT TTT TTT TTT TTT TTT T–3′

AUAP：5′–GGC CAC GCG TCG ACT AGT AC–3′

应用引物设计软件 Primer Premier 5.0，在已获得的稀有鮈鲫类固醇合成相关基因 StAR、cyp11a1、3β-HSD、cyp17a1 和 11β-HSD2 的 cDNA 中间片段序列的靠近 3′ 端，按照 RACE 引物设计的要求分别设计基因 StAR、cyp11a1、3β-HSD、cyp17a1 和 11β-HSD2 的引物 3gsp1 和 3gsp2（表 2–5）。

表 2–5 类固醇合成相关基因 3′RACE 引物序列

3′RACE 引物名称	基因	引物序列 5′—3′
StAR–3gsp1	StAR	CCAATAAGACAAAGTTTACCTG
StAR–3gsp2		ACCTGGTTGCTCAGTTTAGACC
cyp11a1–3gsp1	cyp11a1	GTGGAGATCAGGAGCACGTT
cyp11a1–3gsp2		TACTGCCCGAGAAGCCCATC
3β-HSD–3gsp1	3β-HSD	TGTTTTGCCCTTTCCGCTTCT
3β-HSD–3gsp2		GAGGTTCACTCCACCCCTAAATA
cyp17a1–3gsp1	cyp17a1	GCTGTTTGACCCAGGACGATT
cyp17a1–3gsp2		GAAAGGGACCCGAGTCATTATT
11β-HSD2–3gsp1	11β-HSD2	ACCCCAGGTGCGATACTACG
11β-HSD2–3gsp2		GAGCATCAGCGACAGGTTCC

引物合成后，用高压灭菌的去离子水稀释至 100 μM，充分溶解后再稀释至 10 μM，−20℃保存备用。

② 3′RACE 反转录。按照 3′RACE 试剂盒（Invitrogen 公司）中的说明手册进行操作，具体操作步骤详见附录 9。

③ 3′ RACE 巢式 PCR（Nested PCR amplification）。

a. 外层 PCR 扩增。取 1 μL 3′RACE 反转录 cDNA 为模板，以 3gsp1 和 AUAP 为引物进行 PCR 扩增，扩增总体系为 50 μL（表 2–6）。

表 2-6 PCR 扩增体系组分

组分	用量 /μL
3′RACE cDNA 模板	2
10×PCR 缓冲液	5
10 mM dNTP mix	1
10 μM 3gsp1	2
10 μM AUAP	2
5 U/μL Taq DNA 酶	0.2
双蒸水	37.8
合计	50

PCR 仪的程序设置为：

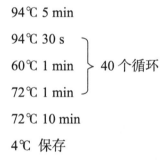

94℃ 5 min

94℃ 30 s
60℃ 1 min } 40 个循环
72℃ 1 min

72℃ 10 min

4℃ 保存

反应结束后取 6 μL PCR 产物，加入 2 μL 6× 上样缓冲液，用质量浓度 2.0% 的琼脂糖凝胶进行电泳检测，在凝胶成像仪上观察采集并保存电泳图片，为进一步进行内层 PCR 扩增做准备。

b. 内层 PCR 扩增。稀释外层 PCR 产物，稀释梯度为 10^0（外层 PCR 产物原始浓度）、10^{-1}、10^{-2}、10^{-3}。选取各浓度梯度稀释产物为内层 PCR 扩增的模板，以 3gsp2 和 AUAP 为引物，应用 25 μL PCR 反应体系来选取合适的稀释浓度，15 μL PCR 反应体系中各组分及用量见表 2-7。

表 2-7 PCR 反应体系组分

组分	用量 /μL
外层 PCR 稀释物	1
10×PCR 缓冲液	2.5
10 mM dNTP mix	0.5

组分	用量 /μL
10 μM 3gsp2	1
10 μM AUAP	1
5 U/μL Taq DNA 酶	0.1
双蒸水	18.9
合计	25

PCR 扩增条件为：

94℃ 5 min

94℃ 30 s
60℃ 1 min ⎫
72℃ 1 min ⎭ 40 个循环

72℃ 10 min

4℃ 保存

将 PCR 产物经质量浓度 2.0% 的琼脂糖凝胶进行电泳检测后，选取 PCR 效果最好的稀释浓度进行内层 PCR 扩增，10^{-2}（即稀释 100 倍）为最佳内层模板浓度，用 50 μL PCR 反应体系来进行内层 PCR 扩增，反应体系以及组分组成同 3′ RACE 外层 PCR 扩增，所用引物为 3gsp2 和 AUAP。

反应结束后，取 6 μL PCR 产物，加入 2 μL 6× 上样缓冲液，用 2.0% 浓度的琼脂糖凝胶进行电泳检测。

④ 3′RACE PCR 产物的纯化回收。PCR 温度条件和模板浓度确定好后，做两管 50 μL 的内层 PCR（共 100 μL）扩增，然后进行琼脂糖凝胶电泳、切胶回收、纯化等步骤。按照北京天恩泽基因科技有限公司 DNA 凝胶回收与纯化试剂盒中的操作手册回收目的基因片段，具体步骤参照附录 7。

⑤ 3′RACE 目的片段与 T 载体连接。将回收的 3′RACE 目的片段连接到 pMD18-T 载体，连接体系如下（总体积 10 μL，表 2-8）。

表 2-8　连接体系组分

组分	用量 /μL
PCR 纯化产物	4
Solution Ⅰ	5
pMD18-T	1
合计	10

⑥转化。

3′RACE 目的片段转化步骤详见 2.2.1.1（7）。

⑦ PCR 检测阳性克隆。用 T 载体通用引物 M13R 和 RVMF 进行 PCR 鉴定的方法和步骤详见中间片段克隆部分。通用引物 AUAP 易形成单引物扩增，即 AUAP 同时可用作上下游引物与体系中的模板链退火结合进行扩展，因而需用特异性引物 3gsp2 来筛选阳性克隆以排除单引物扩增造成的假阳性克隆等。

⑧测序及序列整理。将筛选的阳性克隆送至南京金斯瑞生物科技公司进行序列测定，经 NCBI 在线 BLAST，以确定是我们需要的基因序列，然后利用 Lasergene 软件同已经扩增获得的中间片段进行比对并且拼接，确定获得 3′RACE 片段。

（2）5′RACE 巢式 PCR（Nested PCR amplification）。

① 5′RACE 特异性引物。5′RACE 试剂盒中自带的引物有 AAP 和 AUAP。
AAP 用于外层 PCR 扩增用的引物，序列为：

5′-GGC CAC GCG TCG ACT AGT ACG GGII GGG IIGG GIIG-3′

AUAP 用于内层 PCR 扩增用的引物，序列同 3′RACE 试剂盒中的序列。

所以仅需设计 5′RACE 序列中 cDNA 第一条链合成所需的特异性引物（反转录引物）和用于巢式 PCR 扩增的两条特异性引物，即外层 5gsp1（靠近 cDNA 中间）和内层 5gsp2。

在已扩增获得的基因中间片段序列的 5′ 端设计特异性引物 5RT、5gsp1 和 5gsp2。反转录引物 5RT 应在距离 mRNA 序列 5′ 端至少 300 bp 处设计，且应尽量避免引物自身造成的引物二聚体和发夹结构等。用以扩增稀有鮈鲫

StAR、*cyp11a1*、*3β-HSD*、*cyp17a1* 和 *11β-HSD2* 基因的 5′RACE 引物序列见表 2-9。

表 2-9　*StAR*、*cyp11a1*、*3β-HSD*、*cyp17a1* 和 *11β-HSD2* 的 5′RACE 引物

5′RACE 引物名称	基因	引物序列 5′—3′
StAR–5RT	*StAR*	ATCACCTTATCCCCATTG
StAR–5gsp1		CTGAGGATGCTGATAGACTTC
StAR–5gsp2		CCTGTCCCTGTTGCACATAGC
cyp11a1–5RT	*cyp11a1*	TAGAAGGCTAGCCAGGAC
cyp11a1–5gsp1		CAGGATATTTCCCACTGGCTT
cyp11a1–5gsp2		TGGCTTCTGGATCTTTCCTCA
3β-HSD–5RT	*3β-HSD*	ACAGCCTGGTCCATAGAT
3β-HSD–5gsp1		CGTTAATGACTGGATCACCGC
3β-HSD–5gsp2		GCCTCCTTCTTGGTTTTGCTG
cyp17a1–5RT	*cyp17a1*	TGGATTATGGACAAGGTA
cyp17a1–5gsp1		CGAAGATGTCCCCCACAGTCA
cyp17a1–5gsp2		AGAAGTGCGTCCAAGAGGTCC
11β-HSD2–5RT	*11β-HSD2*	AGGAAGGTTCTGGTGACT
11β-HSD2–5gsp1		AAGCCCCCACAAATCTCTCAT
11β-HSD2–5gsp2		CTGCTGAGGCTGGGTGATGT

引物稀释制备成 10 μM，−20℃保存备用。

② 5′RACE 反转录、cDNA 的 SNAP 柱子纯化、TdT 加尾。按照 5′RACE 试剂盒中的说明手册进行操作，5′RACE 反转录的具体操作步骤详见附录 10。

③ 5′RACE 巢式扩增。取 1 μL 5′RACE 加尾后的 cDNA 为模板，5gsp1 和 AAP 为引物，进行外层 PCR 扩增，反应体系及条件同 3′RACE 外层 PCR 部分。

外层 PCR 反应结束后将 PCR 产物稀释 100 倍后，取 1 ～ 2 μL 稀释产物为模板，AUAP 和 5gsp2 为引物进行内层 PCR 扩增，扩增体系及条件同外层扩增，退火温度较外层升高 1 ～ 2℃。

④ PCR 产物纯化和克隆。用 DNA 回收纯化试剂盒（DNA Extraction Kit）纯化 PCR 产物，详细步骤见附录 7。将纯化后的产物连接到 pMD18–T 载体，

转化到感受态细胞中，取转化产物均匀涂在含 Amp、X-gal 及 IPTG 的 LB 平板上，37℃倒置培养，4℃显色，挑取白色单克隆，经 PCR 扩增电泳检测分析后，进行扩大培养，同 3'RACE 阳性克隆筛选步骤。

⑤测定序列。将筛选的阳性克隆送至南京金斯瑞生物科技公司进行序列测定，经 NCBI 在线 BLAST，结合 Lasergene 软件同已经扩增获得的中间片段、3' 末端序列进行序列比对、拼接等整理工作，确定获得基因 *StAR*、*cyp11a1*、*3β-HSD*、*cyp17a1* 和 *11β-HSD2* 的 5'RACE 序列。

2.2.1.3 测序结果的整理及分析

将基因 *StAR*、*cyp11a1*、*3β-HSD*、*cyp17a1* 和 *11β-HSD2* 各自的中间片段、3'RACE 测序结果和 5'RACE 的测序结果经 NCBI 在线软件 Screen Vec 比对，去除两端载体序列后，使用 Lasergene 软件的 SeqMan 程序进行拼接，用 MegAlign 及 Mega 4.0（Tamura et al.，2007）进行多重序列比对，发现 *StAR*、*cyp11a1*、*3β-HSD*、*cyp17a1* 和 *11β-HSD2* 中间片段各测序结果均能与 3'RACE 和 5'RACE 各测序结果拼接上。

2.2.2 测序结果的生物信息学分析

综合类固醇合成相关基因 *StAR*、*cyp11a1*、*3β-HSD*、*cyp17a1* 和 *11β-HSD2* 的中间片段、3'RACE 以及 5'RACE，经 NCBI 在线软件比对，综合使用 Lasergene 软件的 SeqMan 程序进行拼接，以及 MegAlign 和 Mega 4.0（Tamura et al.，2007）等软件进行多重序列比对。

利用生物信息学相关软件对基因 *StAR*、*cyp11a1*、*3β-HSD*、*cyp17a1* 和 *11β-HSD2* 的序列分别进行进一步分析。选取相似性比较高的鱼类、人（*Homo sapiens*）以及其他物种的对应基因的氨基酸序列分别同稀有鮈鲫的 *StAR*、*cyp11a1*、*3β-HSD*、*cyp17a1* 和 *11β-HSD2* 对应的氨基酸序列经在线软件（http: //www.ebi.ac.uk/Tools/msa/muscle）进行多重序列比对。

通过软件 Clustal X（1.83）和 Mega 4.0（Tamura et al.，2007）中的 Neighbor-Joining（NJ）运算法（Saitou et al.，1987），将基因 *StAR*、*cyp11a1*、*3β-HSD*、*cyp17a1* 和 *11β-HSD2* 对应的氨基酸序列分别同其他脊椎动物的氨基酸序列构建系

统进化树。

2.2.3 实时荧光定量 PCR 引物的设计与合成

2.2.3.1 实时荧光定量 PCR 引物的设计原则

详细的引物设计原则见附录 11。

2.2.3.2 qRT-PCR 引物设计与合成

实时定量 PCR 引物序列见表 2-10，引物合成公司同上，按照要求用经过高压灭菌的去离子水稀释至 10 μmol/L，−20℃保存备用。

表 2-10 *StAR*、*cyp11a1*、*3β-HSD*、*cyp17a1* 和 *11β-HSD2* 的 qRT-PCR 引物

实时定量 PCR 引物	基因	引物序列 5′—3′
StAR-QRT-F	*StAR*	CCACATCCGAAGAAGAAGC
StAR-QRT-R		CTGGTTACTGAGGATGCTGAT
cyp11a1-QRT-F	*cyp11a1*	AGGAGCCCCGAAGGAAAC
cyp11a1-QRT-R		ACGACCCATAGCGTACAGACC
3β-HSD-QRT-F	*3β-HSD*	AGTGGTGCTGGCATTGG
3β-HSD-QRT-R		TGCTCCTTTACAGGCTCTTC
cyp17a1-QRT-F	*cyp17a1*	CTCCCCTCATTGCCTATCAT
cyp17a1-QRT-R		TGGGTTTCAGTCAACATCTCAC
11β-HSD2-QRT-F	*11β-HSD2*	GTTTGGCATCATACGGGGC
11β-HSD2-QRT-R		TGGGGTTGAGGAGAGAGGAGT

2.2.3.3 qRT-PCR 引物的检测

将合成的 qRT-PCR 引物按照上述方法溶解、稀释，首先进行普通 PCR 扩增，分别以稀有鮈鲫的卵巢、精巢、肝脏的反转录产物 cDNA 为模板进行 PCR，PCR 产物进行 2% 琼脂糖凝胶电泳，凝胶成像仪的紫外线灯下观察，如果条带单一，片段大小与设计引物时的大小一致（图 2-1），方可在实时荧光定量 PCR 仪上进行引物检测，模板同上述模板，反应体系如下（表 2-11）。

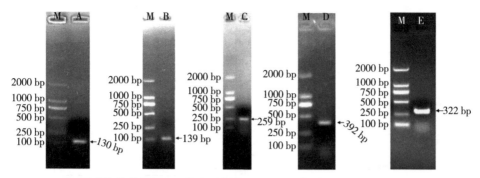

A ~ E. 依次代表 *StAR*、*cyp11a1*、*3β-HSD*、*cyp17a1* 和 *11β-HSD2*；M. Marker。

图 2-1 基因 *StAR*、*cyp11a1*、*3β-HSD*、*cyp17a1* 和 *11β-HSD2* 定量引物扩增条带

表 2-11　PCR 反应体系组分

组分	用量 /μL
SYBR *Premix Ex Taq* Ⅱ（2×）	12.5
引物	2
cDNA 模板	2
双蒸水	8.5
合计	25

仪器使用 BioRad CFX96 实时荧光定量 PCR 系统进行扩增，PCR 反应程序如下：做熔解曲线是为了确定引物及 PCR 反应是否正常。

94℃ 30 s

94℃ 30 s
60℃ 30 s　} 40 个循环

60℃ 30 s
95℃ 15 s　} 溶解曲线

4℃ 保存

经过 qRT-PCR 检测，内参基因 *β-actin* 和类固醇合成相关基因 *StAR*、*cyp11a1*、*3β-HSD*、*cyp17a1* 和 *11β-HSD2* 扩增产物的熔解曲线见图 2-2，从图上可以看出熔解曲线的峰值单一，说明可以扩增出特异的 PCR 产物，证明引物的工作性能良好，可以用于后续实验。

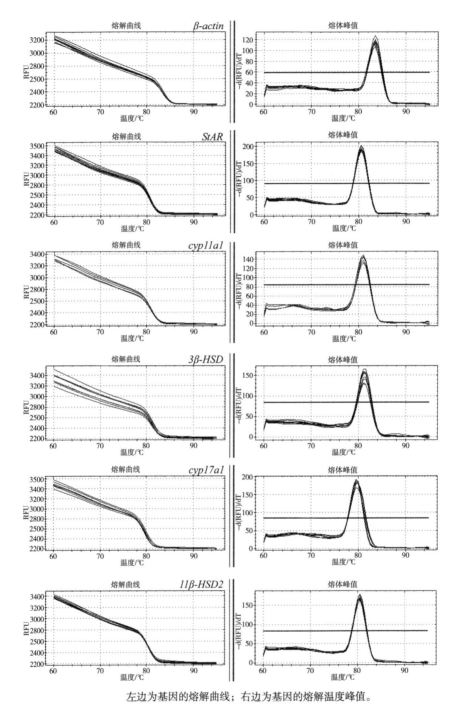

左边为基因的熔解曲线；右边为基因的熔解温度峰值。

图 2-2 *β-actin*、*StAR*、*cyp11a1*、*3β-HSD*、*cyp17a1* 和 *11β-HSD2* 的 qRT-PCR 熔解曲线

2.2.3.4 qRT-PCR 引物扩增效率测定

将已测定浓度的 cDNA 模板分别进行梯度稀释：10^0（PCR 产物原始浓度）、10^{-1}、10^{-2} 直至 10^{-9}。根据 PCR 产物条带亮度，选取 $10^{-7} \sim 10^{-3}$ 五个梯度，按照上述体系在实时荧光定量 PCR 仪（BioRad，CFX96）上进行扩增，每对引物均设有三个重复。反应结束后，qRT-PCR 仪可以给出引物的扩增效率。引物对扩增效率 E 值由公式 $E=10^{(-1/\text{slope})}$（Rasmussen，2001）计算获得，本实验选取扩增效率在 90% ~ 110% 的引物用作后续实验。

2.2.4 qRT-PCR 检测稀有鮈鲫类固醇合成相关基因的组织表达特异性

本实验选取了 *β-actin* 作为内参基因，进行基因组织表达特异性研究。分别取 16 尾稀有鮈鲫成鱼（雌雄各 8 尾）的 7 个组织（性腺、脑、眼睛、肌肉、肝脏、肠、鳃），提取总 RNA 后，进行浓度以及质量检测，然后以 3000 ng 总 RNA 用反转录试剂盒进行反转，最后以 cDNA 为模板，测定 5 个基因分别在 7 个组织中的相对表达量，qRT-PCR 反应体系和反应程序同 2.2.3.3。

2.3 结果与分析

2.3.1 总 RNA 的提取及检测

本实验克隆的类固醇合成相关的 5 个基因，其中基因 *StAR*、*cyp11a1* 和 *3β-HSD* 由稀有鮈鲫的精巢中克隆获得，而 *cyp17a1* 从稀有鮈鲫的卵巢中获得，*11β-HSD2* 从稀有鮈鲫肝脏中克隆获得。

将所提取的稀有鮈鲫性腺总 RNA 经质量浓度 1% 的琼脂糖凝胶电泳，如图 2-3 所示，可见总 RNA 的 28S 和 18S 条带清晰，28S 条带最亮，而 5S 条带亮度最弱，表明总 RNA 完整性较好，可以用于后续实验。紫外分光光度计测得各组织中总 RNA A_{260}/A_{280} 在 1.95 ~ 2.05 范围内，A_{260}/A_{230} 在 2.0 左右，结果表明所提取的总 RNA 较少受到污染，纯度符合要求。

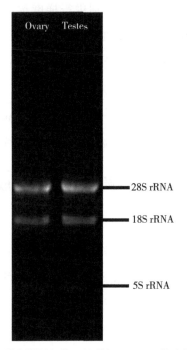

图 2-3　稀有鮈鲫卵巢、精巢提取 RNA 的电泳图谱

2.3.2　稀有鮈鲫 *StAR*、*cyp11a1*、*3β-HSD*、*cyp17a1* 和 *11β-HSD2* 基因 cDNA 全长的克隆

　　用上述引物进行 *StAR*、*cyp11a1*、*3β-HSD*、*cyp17a1* 和 *11β-HSD2* 基因片段的克隆，分别获得对应基因的中间片段，经 2% 的琼脂糖凝胶电泳检测，发现与预测片段大小一致，经切胶回收纯化、T-载体亚克隆、阳性克隆鉴定等步骤，最后在南京金斯瑞生物有限公司进行测序。中间片段琼脂糖凝胶电泳结果见图 2-4。

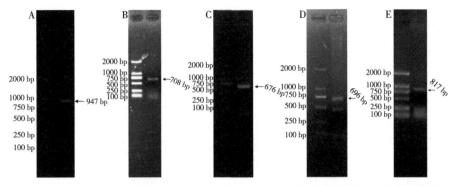

图 2-4 *StAR*、*cyp11a1*、*3β-HSD*、*cyp17a1* 和 *11β-HSD2* 基因中间片段 PCR 产物电泳图

利用上述扩增的中间片段序列设计 3′ 和 5′RACE 引物，获得 3′ 和 5′ 末端序列，与中间片段进行拼接获得基因的 cDNA 全长，*StAR*、*cyp11a1*、*3β-HSD*、*cyp17a1* 和 *11β-HSD2* 的克隆策略见图 2-5。

2.3.3 稀有鮈鲫类固醇合成相关基因 cDNA 全长的序列结构分析

2.3.3.1 稀有鮈鲫类固醇合成相关基因的序列分析及核苷酸与氨基酸比对

稀有鮈鲫类固醇合成相关基因 *StAR*（GenBank 登录号：JN858105）、*cyp11a1*（GenBank 登录号：JN858106）、*3β-HSD*（GenBank 登录号：JN858104）、*cyp17a1*（GenBank 登录号：JN858107）和 *11β-HSD2*（GenBank 登录号：KC454276）的 cDNA 全长分别为 1449bp、1884bp、1618 bp、1718 bp 和 1965 bp，开放阅读框分别为 858 bp、1629 bp、1122 bp、1557 bp 和 1242 bp。5 个基因所编码的氨基酸残基和非编码区的长度如表图 2-5 所示。基因 *StAR*、*cyp11a1*、*3β-HSD*、*cyp17a1* 和 *11β-HSD2* 的 cDNA 全长及其氨基酸序列比对图是用软件 Matchcode 分析得出来的，多腺苷酸化信号（AATAAA 或者 ATTAAA）在基因 *StAR*（图 2-6）、*cyp11a1*（图 2-7）和 *3β-HSD*（图 2-8）的 3 端，但是在基因 *cyp17a1*（图 2-9）和 *11β-HSD2*（图 2-10）的 3′ 端没有发现多腺苷酸化信号。ATG 为起始密码子，基因 *StAR*、*cyp11a1*、*3β-HSD*、*cyp17a1* 和 *11β-HSD2* 的终止密码子分别为 TGA、TAA、TAA、TGA 和 TAG。

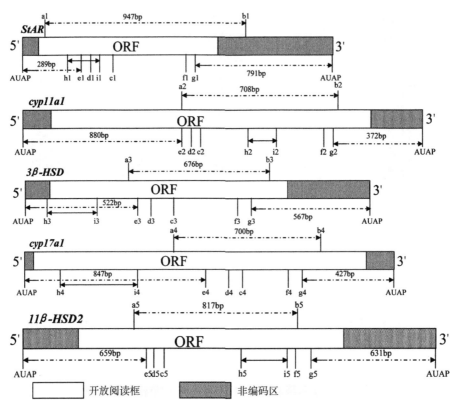

a1.StAR-F；b1. StAR-R；c1. StAR-5'RT；d1. StAR-5'gsp1；e1. StAR-5'gsp2；f1. StAR-3'gsp1；g1. StAR-3'gsp2；h1.StAR-QRT-F；i1.StAR-QRT-R；a2. cyp11a1-F；b2. eyp11a1-R；c2. eyp11a1-5'RT；d2. cyp11a1-5'gsp1；e2. cyp11a1-51gsp2；f2. cyp11a1-3'gsp1；g2. cyp11a1-3'gsp2；h2.cyp11a1-QRT-F；i2. cyp11a1-QRT-R；a3.3β-HSD-F；b3. 3β-HSD-R；c3. 3β-HSD-5'RT；d3. 3β-HSD-53gsp1；e3. 3β-HSD-53'gsp2；f3. 3β-HSD-3'gsp1；g3. 3β-HSD-3'gsp2；h3. 3β-HSD-QRT-F；i3.3β-HSD-QRT-R；a4. cyp17a1-F；b4. cyp17a1-R；c4.cyp17a1-5'RT；d4. cyp17a1-5'gsp1；e4. cyp17a1-5'gsp2；f4. cyp17a1-3'gsp1；g4. cyp17a1-3'gsp2；h4. cyp17ai-QRT-F；i4.cyp17a1-QRT-R；a5. 11β-HSD2-F；b5. 11β-HSD2-R；c5. 11β-HSD2-5'RT；d5. 11β-HSD2-5'gsp1；e5. 11β-HSD2-5'gsp2；f5. 11β-HSD2-3'gsp1；g5. 11β-HSD2-3'gsp2；h5. 11β-HSD2-ORT-F；i5. 11β-HSD2-ORT-R。

图2-5 基因 *StAR*、*cyp11a1*、*3β-HSD*、*cyp17a1* 和 *11β-HSD2* 的克隆策略图

2 类固醇激素合成相关基因的克隆、序列分析及其表达

表 2-12　基因 *StAR*、*cyp11a1*、*3β-HSD*、*cyp17a1* 和 *11β-HSD2* 序列信息

基因名称	全长/bp	ORF/bp	5′-UTR/bp	3′-UTR/bp	等电点 pI	分子量/kDa	氨基酸	序列号
StAR	1449	858	74	517	8.70	31.8	286	JN858105
cyp11a1	1884	1629	29	226	9.32	62.6	543	JN858106
3β-HSD	1618	1122	119	377	7.98	41.9	374	JN858104
cyp17a1	1718	1557	32	129	8.35	58.3	519	JN858107
11β-HSD2	1965	1242	238	485	7.94	46.0	413	KC454276

图 2-6　基因 *StAR* 全长 cDNA 与演绎的氨基酸序列

（方框分别代表起始密码子和终止密码子，阴影代表多腺苷酸化终止信号）

45

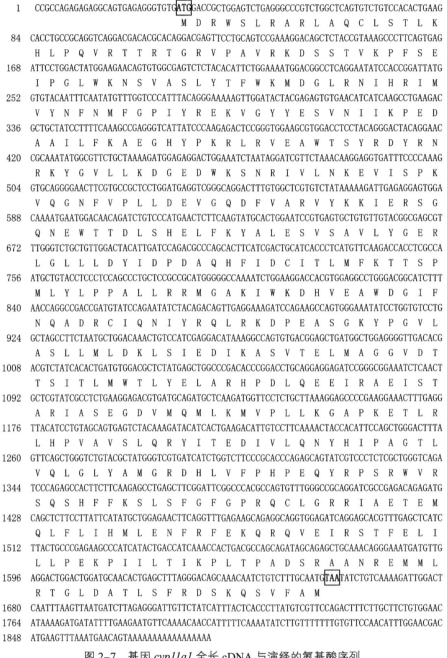

```
   1  CCGCCAGAGAGAGGCAGTGAGAGGGTGTG ATG GACCGCTGGAGTCTGAGGGCCCGTCTGGCTCAGTGTCTGTCCACACTGAAG
                                      M   D  R  W  S  L  R  A  R  L  A  Q  C  L  S  T  L  K

  84  CACCTGCCGCAGGTCAGGACGACACGCACAGGACGAGTTCCTGCAGTCCGAAAGGACAGCTCTACCGTAAAGCCCTTCAGTGAG
        H  L  P  Q  V  R  T  T  R  T  G  R  V  P  A  V  R  K  D  S  S  T  V  K  P  F  S  E

 168  ATTCCTGGACTATGGAAGAACAGTGTGGCGAGTCTCTACACATTCTGGAAAATGGACGGCCTCAGGAATATCCACCGGATTATG
        I  P  G  L  W  K  N  S  V  A  S  L  Y  T  F  W  K  M  D  G  L  R  N  I  H  R  I  M

 252  GTGTACAATTTCAATATGTTTGGTCCCATTTACAGGGAAAAAGTTGGATACTACGAGAGTGTGAACATCATCAAGCCTGAAGAC
        V  Y  N  F  N  M  F  G  P  I  Y  R  E  K  V  G  Y  Y  E  S  V  N  I  I  K  P  E  D

 336  GCTGCTATCCTTTTCAAAGCCGAGGGTCATTATCCCAAGAGACTCCGGGTGGAAGCGTGGACCTCCTACAGGGACTACAGGAAC
        A  A  I  L  F  K  A  E  G  H  Y  P  K  R  L  R  V  E  A  W  T  S  Y  R  D  Y  R  N

 420  CGCAAATATGGCGTTCTGCTAAAAGATGGAGAGGACTGGAAATCTAATAGGATCGTTCTAAACAAGGAGGTGATTTCCCAAAG
        R  K  Y  G  V  L  L  K  D  G  E  D  W  K  S  N  R  I  V  L  N  K  E  V  I  S  P  K

 504  GTGCAGGGGAACTTCGTGCCGCTCCTGGATGAGGTCGGGCAGGACTTTGTGGCTCGTGTCTATAAAAAGATTGAGAGGAGTGGA
        V  Q  G  N  F  V  P  L  L  D  E  V  G  Q  D  F  V  A  R  V  Y  K  K  I  E  R  S  G

 588  CAAAATGAATGGACAACAGATCTGTCCCATGAACTCTTCAAGTATGCACTGGAATCCGTGAGTGCTGTGTTGTACGGCGAGCGT
        Q  N  E  W  T  T  D  L  S  H  E  L  F  K  Y  A  L  E  S  V  S  A  V  L  Y  G  E  R

 672  TTGGGTCTGCTGTTGGACTACATTGATCCAGACGCCCAGCACTTCATCGACTGCATCACCCTCATGTTCAAGACCACTTCGCCA
        L  G  L  L  L  D  Y  I  D  P  D  A  Q  H  F  I  D  C  I  T  L  M  F  K  T  T  S  P

 756  ATGCTGTACCTCCCTCCAGCCCTGCTCCGCCGCATGGGGGGCCCAAAATCTGGAAGGACCACGTGGAGGCCTGGGACGGCATCTTT
        M  L  Y  L  P  P  A  L  L  R  R  M  G  A  K  I  W  K  D  H  V  E  A  W  D  G  I  F

 840  AACCAGGCCGACCGATGTATCCAGAATATCTACGACAGTTGAGGAAAGATCCAGAAGCCAGTGGGAAATATCCTGGTGTCCTG
        N  Q  A  D  R  C  I  Q  N  I  Y  R  Q  L  R  K  D  P  E  A  S  G  K  Y  P  G  V  L

 924  GCTAGCCTTCTAATGCTGGACAAACTGTCCATCGAGGACATAAAGGCCAGTGTGACGGAGCTGATGGCTGGAGGGGTTGACACG
        A  S  L  L  M  L  D  K  L  S  I  E  D  I  K  A  S  V  T  E  L  M  A  G  G  V  D  T

1008  ACGTCTATCACACTGATGTGGACGCTCTATGAGCTGGCCCGACACCCGGACCTGCAGGAGGAGATCCGGGCGGAAATCTCAACT
        T  S  I  T  L  M  W  T  L  Y  E  L  A  R  H  P  D  L  Q  E  E  I  R  A  E  I  S  T

1092  GCTCGTATCGCCTCTGAAGGAGACGTGATGCAGATGCTCAAGATGGTTCCTCTGCTTAAAGGAGCCCCGAAGGAAACTTTGAGG
        A  R  I  A  S  E  G  D  V  M  Q  M  L  K  M  V  P  L  L  K  G  A  P  K  E  T  L  R

1176  TTACATCCTGTAGCAGTGAGTCTACAAAGATACATCACTGAAGACATTGTCCTTCAAAACTACCACATTCCAGCTGGGACTTTA
        L  H  P  V  A  V  S  L  Q  R  Y  I  T  E  D  I  V  L  Q  N  Y  H  I  P  A  G  T  L

1260  GTTCAGCTGGGTCTGTACGCTATGGGTCGTGATCATCTGGTCTTCCCGCACCCAGAGCAGTATCGTCCCTCTCGCTGGGTCAGA
        V  Q  L  G  L  Y  A  M  G  R  D  H  L  V  F  P  H  P  E  Q  Y  R  P  S  R  W  V  R

1344  TCCCAGAGCCACTTCTTCAAGAGCCTGAGCTTCGGATTCGGCCCACGCCAGTGTTTGGGCCGGAGGATCGCCGAGACAGAGATG
        S  Q  S  H  F  F  K  S  L  S  F  G  F  G  P  R  Q  C  L  G  R  R  I  A  E  T  E  M

1428  CAGCTCTTCCTTATTCATATGCTGGAGAACTTCAGGTTTGAGAAGCAGAGGCAGGTGGAGATCAGGAGCACGTTTGAGCTCATC
        Q  L  F  L  I  H  M  L  E  N  F  R  F  E  K  Q  R  Q  V  E  I  R  S  T  F  E  L  I

1512  TTACTGCCCGAGAAGCCCATCATACTGACCATCAAACCACTGACGCCAGCAGATAGCAGAGCTGCAAACAGGGAAATGATGTTG
        L  L  P  E  K  P  I  I  L  T  I  K  P  L  T  P  A  D  S  R  A  A  N  R  E  M  M  L

1596  AGGACTGGACTGGATGCAACACTGAGCTTTAGGGACAGCAAACAATCTGTCTTTGCAATG TAA TATCTGTCAAAAGATTGGACT
        R  T  G  L  D  A  T  L  S  F  R  D  S  K  Q  S  V  F  A  M

1680  CAATTTAAGTTAATGATCTTAGAGGGATTGTTCTATCATTTACTCACCCTTATGTCGTTCCAGACTTTCTTGCTTCTGTGGAAC

1764  ATAAAAGATGATATTTTGAAGAATGTTCAAAACAACCATTTTTCAAAATATCTTGTTTTTTTTGTGTTCCAACATTTGGAACGAC

1848  ATGAAGTTTAAATGAACAGTAAAAAAAAAAAAAAAAA
```

图 2-7 基因 *cyp11a1* 全长 cDNA 与演绎的氨基酸序列

（方框分别代表起始密码子和终止密码子）

```
   1  TCCACAATCTCCGAGGACTCATCACATCTCTGTGGTTTACAATCTCGCTCTCTTGTATGTTGGGATAACACGAAGTGTTACTC
  84  AGGTGTGAAGTGGTGCTGGCATTGGTGGCAGTTGCCATGGCTCTGTCAGGAGAAGTGTGTGTGGTGACAGGAGCCTGCGGGTTT
                                            M  A  L  S  G  E  V  C  V  V  T  G  A  C  G  F
 168  CTGGGAGAAAAACTGATTAGACTGTTACTGGAAGAAAAGCTTGCGGAGATCCGATTGCTGGATAGAAACATCCGTTCTGAGCTA
        L  G  E  K  L  I  R  L  L  L  E  E  K  L  A  E  I  R  L  L  D  R  N  I  R  S  E  L
 252  ATACAGTCTCTTGATGAGTGCAAAGGGGAGACTAAAGTGAGTGTTTTTGAGGGGGATATCAGGGATCGTGAGCTGCTGAGAAGA
        I  Q  S  L  D  E  C  K  G  E  T  K  V  S  V  F  E  G  D  I  R  D  R  E  L  L  R  R
 336  GCCTGTAAAGGAGCAGCACTTGTTTTCCACACAGCGTCTCTCATCGATGTAATTGGAGCAGTTGAATACAGTGAATTATATGGA
        A  C  K  G  A  A  L  V  F  H  T  A  S  L  I  D  V  I  G  A  V  E  Y  S  E  L  Y  G
 420  GTTAATGTTAAAGGAACACAGCTGCTGCTTGAGACCTGCATCCAAGAAATGTAGCCTCCTTCATTTACACTAGCAGCATTGAG
        V  N  V  K  G  T  Q  L  L  L  E  T  C  I  Q  E  N  V  A  S  F  I  Y  T  S  S  I  E
 504  GTGGCTGGTCCCAATCCCCGCGGTGATCCAGTCATTAACGGTGACGAGGACACCCCTACTCTGCCTGCCTTAAGTTTAGCTAC
        V  A  G  P  N  P  R  G  D  P  V  I  N  G  D  E  D  T  P  Y  S  A  C  L  K  F  S  Y
 588  AGCAAAACCAAGAAGGAGGCTGAAAATATTTGCCTACAGGCCAACGGAGAGCTGCTCCGCAACGGAGGTCAGCTGGCTACTTGT
        S  K  T  K  K  E  A  E  N  I  C  L  Q  A  N  G  E  L  L  R  N  G  G  Q  L  A  T  C
 672  GCACTGAGGCCCATGTACATCTATGGACCAGGCTGTCGATTTACTTTAGGCCACATGAGGGATGGAATCCGCAATGGAAACGTG
        A  L  R  P  M  Y  I  Y  G  P  G  C  R  F  T  L  G  H  M  R  D  G  I  R  N  G  N  V
 756  CTGCTGAGAACATCACGACGTGAGGCAAAGTGAATCCTGTATACGTGGGAAACGTAGCCCTGGCACATCTACAAGCAGGTCAG
        L  L  R  T  S  R  R  E  A  K  V  N  P  V  Y  V  G  N  V  A  L  A  H  L  Q  A  G  Q
 840  GCCCTCAGAGATTCTCAGAAAAGGGCTGTGATGGGTGGAAACTTCTATTACATCTCAGACGACACGCCACCTGTCAGCTACTCA
        A  L  R  D  S  Q  K  R  A  V  M  G  G  N  F  Y  Y  I  S  D  D  T  P  P  V  S  Y  S
 924  GACTTTAACTATGCTGTTCTTTCACCATTAGGCTTTGGGATACAAGAGAGGCCTGTTTTGCCCTTTCCGCTTCTATATCTTCTG
        D  F  N  Y  A  V  L  S  P  L  G  F  G  I  Q  E  R  P  V  L  P  F  P  L  L  Y  L  L
1008  TCATTCCTCATGGAATTACTGCACATTGTGGTCCGACCCTTCCTGAGGTTCACTCCACCCCTAAATAGGCAGTTACTGACCATG
        S  F  L  M  E  L  L  H  I  V  V  R  P  F  L  R  F  T  P  P  L  N  R  Q  L  L  T  M
1092  TTAAACACACCATTTAGTTTCTCATATCAAAAGGCTCACAGAGATTTTGGATATTGCCCTCGCTATGACTGGGAAGAAGCTCGC
        L  N  T  P  F  S  F  S  Y  Q  K  A  H  R  D  F  G  Y  C  P  R  Y  D  W  E  E  A  R
1176  AAGCGCACTACTGATTGGCTAGCATCTGTCTTACCCACAGAGAGACAGCAAATTCACTTGAAATAAACTAACATAATTTTATGA
        K  R  T  T  D  W  L  A  S  V  L  P  T  E  R  Q  Q  I  H  L  K
1260  ATATTTTGGAGCAGCCATGTTCTGCCTGTTGGTTTATAGCAATATTTCCTTCTAATAGATTCACAATAGTAGAAAACATTAGTT
1344  GTCTAGTGCCTTGGATAATGCATGTTTTACATACGCTATAGTTTAAAGAAAAACTTGGAAATGACTGTATATTATGTATACATT
1428  TGTCTCATGATAAATGTCCATATAAAGAAAAGAATGACATGTTATTACTTATTCCAACAGATGGTTGTTTTATTGTATGAATTC
1512  ATGTATTTAAAAAAATAATATTAATAATTTCAGAAATTAAGCAATGCTATATAGTTAAACCATTATTAATGCAAATAAAGACATA
1596  TAAGCAAAAAAAAAAAAAAAAAA
```

图 2-8　基因 *3β-HSD* 全长 cDNA 与演绎的氨基酸序列

（方框分别代表起始密码子和终止密码子，阴影代表多腺苷酸化终止信号）

```
   1  CAGTACTGTTTTGGATAGAGCTGGTGGACACAATGTCTGAACCACTCATCCTGCCATGGCTTTTCTGTTCATGTCTGTTATCA
                                          M  S  E  P  L  I  L  P  W  L  F  C  S  L  L  S
  84  GCAGTAGCTCTGGCTGCGCTGTATCTCAAAAGGAAGATGAATGGATTTGTGCCAGGCGACAGAGCTCCTCCGAGCCTCCCTCA
          A  V  A  L  A  A  L  Y  L  K  R  K  M  N  G  F  V  P  G  D  R  A  P  P  S  L  P  S
 168  TTGCCTATCATTGGGAGTCTCCTCAGTTTAGTGAGCGACAGTCCTCCTCACATCTTCTTTCAACAACTGCAGAAGAAATACGGA
      L  P  I  I  G  S  L  L  S  L  V  S  D  S  P  P  H  I  F  F  Q  Q  L  Q  K  K  Y  G
 252  GATCTTTATTCCCTCATGATGGGCTCCCACAAAATCCTCATCGTGAACAACCACCATCATGCAAAGGAGGTCCTAATTAAAAAA
      D  L  Y  S  L  M  M  G  S  H  K  I  L  I  V  N  N  H  H  H  A  K  E  V  L  I  K  K
 336  GGAAAAATATTTGCAGGAAGGCCACGAACTGTTACAACAGACTTGTTAACTCGAGATGGGAAAGGTATAGCATTTGCTGACTAC
      G  K  I  F  A  G  R  P  R  T  V  T  T  D  L  L  T  R  D  G  K  G  I  A  F  A  D  Y
 420  AGTTCACATGGAAGTTCCATCGGAAAATGGTGCATGGAGCTCTTTGTATGTTTGGAGAAGGTTCAGTTTCTATTGAGAAGATT
      S  S  T  W  K  F  H  R  K  M  V  H  G  A  L  C  M  F  G  E  G  S  V  S  I  E  K  I
 504  ATTTCCAGGGAGGCGAGCTCTTTGTGTGAGATGTTGACTGAAACCCAGAACAGCGCTGTGGATCTGGCACCAGAGCTGACGAGA
       I  S  R  E  A  S  S  L  C  E  M  L  T  E  T  Q  N  S  A  V  D  L  A  P  E  L  T  R
 588  GCCGTCACAAACGTGGTGTGTGCTTTGTGTTTCAACTCCTCATACAAACGTGGGGATGCTGAGTTTGAGTCCATGCTCCAGTAC
      A  V  T  N  V  V  C  A  L  C  F  N  S  S  Y  K  R  G  D  A  E  F  E  S  M  L  Q  Y
 672  AGCCAGGGTATCGTGGATACAGTTGCTAAGGACAGCTTGGTGGATATTTTCCCATGGCTGCAGATATTCCCAAATAAAGACCTT
      S  Q  G  I  V  D  T  V  A  K  D  S  L  V  D  I  F  P  W  L  Q  I  F  P  N  K  D  L
 756  AGAATCTTAAGGCAGTGTGTTTCCATCAGAGACAAACTGCTTCAAAAGAAATACGAGGAACACAAGGTGGATTACAGTGATAAC
      R  I  L  R  Q  C  V  S  I  R  D  K  L  L  Q  K  K  Y  E  E  H  K  V  D  Y  S  D  N
 840  GTCCAGCGGGACCTCTTGGACGCACTTCTGAGGGCCAAACGCAGTTCAGAGAATAACAACACCAGCACTCATGATGTTGGGTTA
      V  Q  R  D  L  L  D  A  L  L  R  A  K  R  S  S  E  N  N  N  T  S  T  H  D  V  G  L
 924  ACTGAAGACCACCTGCTCATGACTGTGGGGGGACATCTTCGGGGCAGGGGTGGAAACCACGACCACTGTACTGAAATGGTCAATA
      T  E  D  H  L  L  M  T  V  G  D  I  F  G  A  G  V  E  T  T  T  T  V  L  K  W  S  I
1008  GCTTACCTTGTCCATAATCCACAGGTGCAGAGAAAAGATTCAGGAGGAGCTTGACAATAAGATTGGAAAAGCAGACACCCTCAG
      A  Y  L  V  H  N  P  Q  V  Q  R  K  I  Q  E  E  L  D  N  K  I  G  K  D  R  H  P  Q
1092  CTCAGTGATCGAGGGAATTTGCCTTATCTAGAGGCCACTATAAGAGAAGTCCTGAGGATCCGACCCGTCTCCCCACTCCTCATC
      L  S  D  R  G  N  L  P  Y  L  E  A  T  I  R  E  V  L  R  I  R  P  V  S  P  L  L  I
1176  CCTCATGTGGCGCTCCAAGACTCTAGCGTGGGAGAATACACTGTGCAGAAAGGGACCCGAGTCATTATTAATCTGTGGTATTTA
      P  H  V  A  L  Q  D  S  S  V  G  E  Y  T  V  Q  K  G  T  R  V  I  I  N  L  W  Y  L
1260  CATCACGACGAGAAGGAATGGAAGAATCCTGAGCTGTTTGACCCAGGACGATTCCTGAATGAGGAGGGTGATGGTTTGTGCTGC
      H  H  D  E  K  E  W  K  N  P  E  L  F  D  P  G  R  F  L  N  E  E  G  D  G  L  C  C
1344  CCATCGGCCAGCTACCTGCCATTCGGCGCAGGAGTACGTGTTTGTCTCGGTAAGGCCCTGGCAAAGATGGAACTCTTCCTCTTC
      P  S  A  S  Y  L  P  F  G  A  G  V  R  V  C  L  G  K  A  L  A  K  M  E  L  F  L  F
1428  CTGTCGTGGATTTTGCAAAGGTTCACGCTAGAGATGCCCACCGGCCAGCCTCTGCCCAACCTCCAGGGCAAGTTTGGTGTGGTT
      L  S  W  I  L  Q  R  F  T  L  E  M  P  T  G  Q  P  L  P  N  L  Q  G  K  F  G  V  V
1512  CTTCAACCTGATAAATACAAGGTCATTGCTAAATTAAGAGCAGACGGGGAAAAATTCCCACTAATGCAGCACTGCTGAGTAAAT
      L  Q  P  D  K  Y  K  V  I  A  K  L  R  A  D  G  E  K  F  P  L  M  Q  H  C
1596  GTAGCCTATATGTCTTTTCTACTCATTTGTAAACATGTTTTTTATGAAGCCTACTATCAAATATCACAAATCAGACATAAATAA
1680  AAAGCATATTTTGAGACAAAAAAAAAAAAAAAAAAAAAAA
```

图 2-9　基因 *cyp17a1* 全长 cDNA 与演绎的氨基酸序列

（方框分别代表起始密码子和终止密码子，阴影代表多腺苷酸化终止信号）

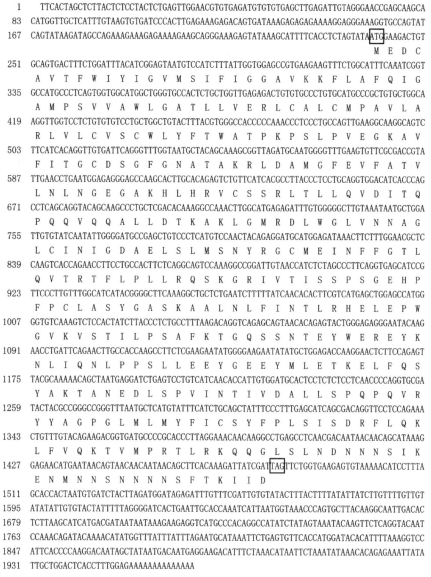

```
  1  TTCACTAGCTCTTACTCTCCTACTCTGAGTTGGAACGTGTGAGATGTGTGTGAGCTTGAGATTGTAGGGAACCGAGCAAGCA
 83  CATGGTTGCTCATTTGTAAGTGTGATCCCACTTGAGAAAGAGACAGTGATAAAGAGAGAGAAAAGGAGGGAAAGGTGCCAGTAT
167  CAGTATAAGATAGCCAGAAAGAAAGAGAAAAGAAGCAGGGAAAGAGTATAAAGCATTTTCACCTCTAGTATAATG GAAGACTGT
                                                                               M  E  D  C
251  GCAGTGACTTTCTGGATTTACATCGGAGTAATGTCCATCTTTATTGGTGGAGCCGTGAAGAAGTTTCTGGCATTTCAAATCGGT
        A  V  T  F  W  I  Y  I  G  V  M  S  I  F  I  G  G  A  V  K  K  F  L  A  F  Q  I  G
335  GCCATGCCCTCAGTGGTGGCATGGCTGGGTGCCACTCTGCTGGTTGAGAGACTGTGTGCCCTGTGCATGCCCGCTGTGCTGGCA
        A  M  P  S  V  V  A  W  L  G  A  T  L  L  V  E  R  L  C  A  L  C  M  P  A  V  L  A
419  AGGTTGGTCCTCTGTGTGTCCTGCTGGCTGTACTTTACGTGGGCCACCCCCAAACCCTCCTGCCAGTTGAAGGCAAGGCAGTC
        R  L  V  L  C  V  S  C  W  L  Y  F  T  W  A  T  P  K  P  S  L  P  V  E  G  K  A  V
503  TTCATCACAGGTTGTGATTCAGGGTTTGGTAATGCTACAGCAAAGCGGTTAGATGCAATGGGGTTTGAAGTGTTCGCGACCGTA
        F  I  T  G  C  D  S  G  F  G  N  A  T  A  K  R  L  D  A  M  G  F  E  V  F  A  T  V
587  TTGAACCTGAATGGAGAGGGAGCCAAGCACTTGCACAGAGTCTGTTCATCACGCCTTACCCTCCTGCAGGTGGACATCACCCAG
        L  N  L  N  G  E  G  A  K  H  L  H  R  V  C  S  S  R  L  T  L  L  Q  V  D  I  T  Q
671  CCTCAGCAGGTACAGCAAGCCCTGCTCGACACAAAGGCCAAACTTGGCATGAGAGATTTGTGGGGGCTTGTAAATAATGCTGGA
        P  Q  Q  V  Q  Q  A  L  L  D  T  K  A  K  L  G  M  R  D  L  W  G  L  V  N  N  A  G
755  TTGTGTATCAATATTGGGGATGCCGAGCTGTCCCTCATGTCCAACTACAGAGGATGCATGGAGATAAACTTCTTTGGAACGCTC
        L  C  I  N  I  G  D  A  E  L  S  L  M  S  N  Y  R  G  C  M  E  I  N  F  F  G  T  L
839  CAAGTCACCAGAACCTTCCTGCCACTTCTCAGGCAGTCCAAAGGCCGGATTGTAACCATCTCTAGCCCTTCAGGTGAGCATCCG
        Q  V  T  R  T  F  L  P  L  L  R  Q  S  K  G  R  I  V  T  I  S  S  P  S  G  E  H  P
923  TTCCCTTGTTTGGCATCATACGGGGCTTCAAAGGCTGCTCTGAATCTTTTTATCAACACACTTCGTCATGAGCTGGAGCCATGG
        F  P  C  L  A  S  Y  G  A  S  K  A  A  L  N  L  F  I  N  T  L  R  H  E  L  E  P  W
1007 GGTGTCAAAGTCTCCACTATCTTACCCTCTGCCTTTAAGACAGGTCAGAGCAGTAACACAGAGTACTGGGAGAGGGAATACAAG
        G  V  K  V  S  T  I  L  P  S  A  F  K  T  G  Q  S  S  N  T  E  Y  W  E  R  E  Y  K
1091 AACCTGATTCAGAACTTGCCACCAAGCCTTCTCGAAGAATATGGGGAAGAATATATGCTGGAGACCAAGGAACTCTTCCAGAGT
        N  L  I  Q  N  L  P  P  S  L  L  E  E  Y  G  E  E  Y  M  L  E  T  K  E  L  F  Q  S
1175 TACGCAAAAAACAGCTAATGAGGATCTGAGTCCTGTCATCAACACCATTGTGGATGCACTCCTCTCCTCAACCCCAGGTGCGA
        Y  A  K  T  A  N  E  D  L  S  P  V  I  N  T  I  V  D  A  L  L  S  P  Q  P  Q  V  R
1259 TACTACGCCGGGCCGGGTTTAATGCTCATGTATTTCATCTGCAGCTATTTCCCTTTGAGCATCAGCGACAGGTTCCTCCAGAAA
        Y  Y  A  G  P  G  L  M  L  M  Y  F  I  C  S  Y  F  P  L  S  I  S  D  R  F  L  Q  K
1343 CTGTTTGTACAGAAGACGGTGATGCCCCGCACCCTTAGGAAACAACAAGGCCTGAGCCTCAACGACAATAACAACAGCATAAAG
        L  F  V  Q  K  T  V  M  P  R  T  L  R  K  Q  Q  G  L  S  L  N  D  N  N  N  S  I  K
1427 GAGAACATGAATAACAGTAACAACAATAACAGCTTCACAAAGATTATCGAT TAG TCTGGTGAAGAGTGTAAAAACATCCTTTA
        E  N  M  N  N  S  N  N  N  S  F  T  K  I  I  D
1511 GCACCACTAATGTGATCTACTTAGATGGATAGAGATTTGTTTCGATTGTGTATACTTTACTTTTATATTATCTTGTTTTGTTGT
1595 ATATATTGTGTACTATTTTTAGGGGATCACTGAATTGCACCAAATCATTAATGGTAAACCCAGTGCTTACAAGGCAATTGACAC
1679 TCTTAAGCATCATGACGATAATAATAAAGAAGAGGTCATGCCCACAGGCCATATCTATATGTAAATACAAGTTCTCAGGTACAAT
1763 CCAAACAGATACAAAACATATGGTTTATTTATTTAGAATGCATAAATTCTGAGTGTTCACCATGGATACACATTTTAAAGGTCC
1847 ATTCACCCCAAGGACAATAGCTATAATGACAATGAGGAAGACATTTCTAAACATAATTCTAAATATAAACACAGAGAAATTATA
1931 TTGCTGGACTCACCTTTGGAGAAAAAAAAAAAAAAAA
```

图 2-10　基因 *11β-HSD2* 全长 cDNA 与演绎的氨基酸序列

（方框分别代表起始密码子和终止密码子）

2.3.3.2　稀有鮈鲫同其他动物及人的类固醇合成相关基因的氨基酸序列多重比对

　　将稀有鮈鲫类固醇合成相关基因演绎的氨基酸序列同其他动物及人类的类固醇合成相关基因的氨基酸序列采用在线软件 Muscle 分析，分别得到基因

StAR（图 2-11）、*cyp11a1*（图 2-12）、*3β-HSD*（图 2-13）、*cyp17a1*（图 2-14）和 *11β-HSD2*（图 2-15）与其他动物的多重比对图。

稀有鮈鲫同其他动物 StAR 氨基酸序列多重比对分析所用序列为：稀有鮈鲫（AEV91663, *G. rarus*）、鲤鱼（ACD37725, *C. carpio*）、斑马鱼（NP_571738, *D. rerio*）、黑头软口鲦（ABC87916, *P. promelas*）、日本鳗鲡（BAC66210, *A. japonica*）、绵羊（NP_001009243, *O. aries*）、大鼠（NP_113746, *R. norvegicus*）、牛（NP_776614, *B. taurus*）、马（NP_001075269, *E. caballus*）、虹鳟（NP_001117674, *O. mykiss*）、斑胸草雀（NP_001070154, *T. guttata*）、鸡（NP_990017, *G. gallus*）和青鳉（NP_001098380, *O. latipes*）。

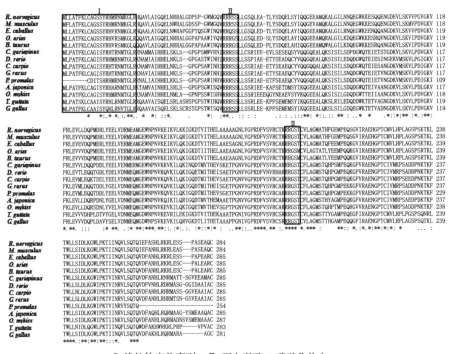

I. 线粒体定位序列；II. 蛋白激酶 A 磷酸化位点。

图 2-11　稀有鮈鲫和其他脊椎动物 StAR 氨基酸序列多重比对及结构的分析

胆固醇侧链裂解酶（CYP11A1）的氨基酸序列同其他动物 CYP11A1 氨基酸序列进行多重比对分析，所用序列为：稀有鮈鲫（AEV91664, *G. rarus*）、斑马鱼（XP_691817, *D. rerio*）、虹鳟（Q07217, *O. mykiss*）、斑点叉尾鲴（NP_001187241, *I. punctatus*）、青鲈（ADE06400, *T. adspersus*）、青鳉（NP_001156558, *O. latipes*）、

日本鳗鲡（AAV67332, *A. japonica*）、鸡（NP_001001756, *G. gallus*）、非洲爪蟾（XP_002934608, *X. tropicalis*）、牛蛙（ACL36104, *R. catesbeiana*）、大西洋鲼鱼（ACX31687, *D. sabina*）、人（3NA0_A, *H. sapiens*）和猪（NP_999592, *S. scrofa*）。

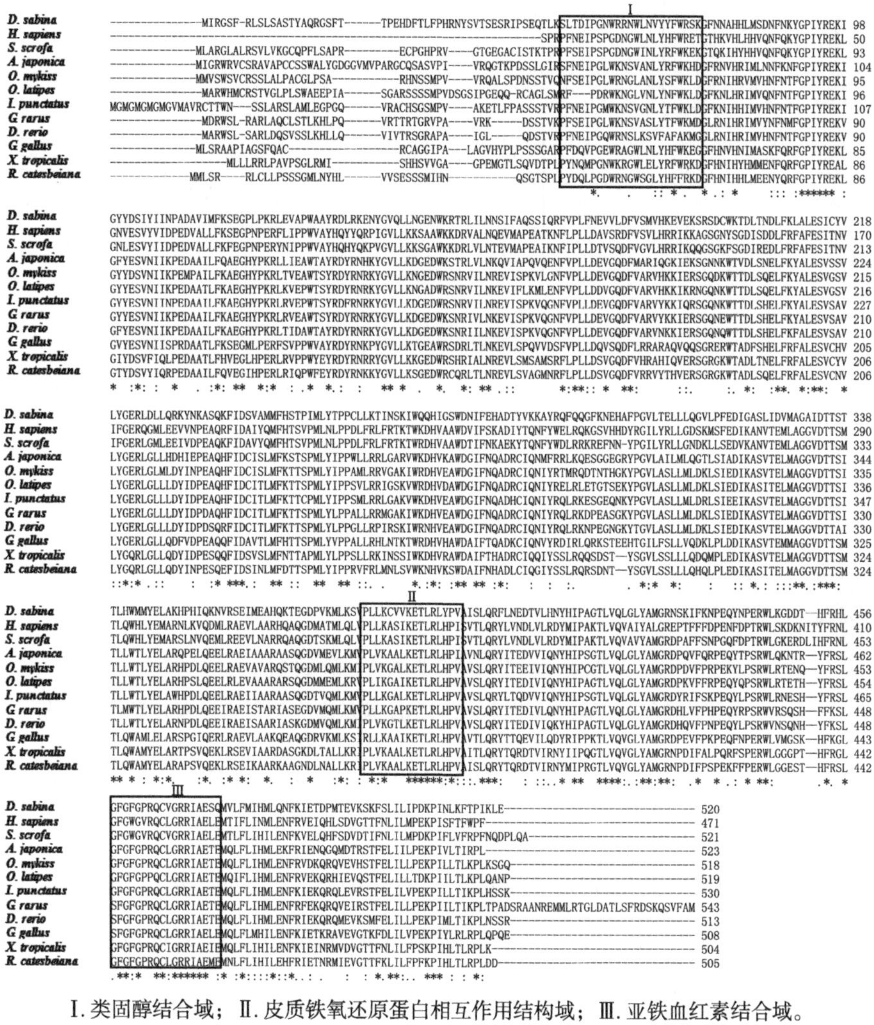

```
                                                                              I
D. sabina      ----------------MIRGSF-RLSLSASTYAQRGSFT----TPEHDFTLFPHRNYSVTSESRIPSEQTLKSLTDIPGNWRRNWLNVYYFWRSKGFNNAHHLMSDNFNKYGPIYREKI  98
H. sapiens     ------------------------------------------------SPRPFNEIPSPGDNGWLNLYRFWRETGTHKVHLHHVQNFQKYGPIYREKL  50
S. scrofa      ----------MLARGLALRSVLVKGCQPFLSAPR----------ECPGHPRV----GTGEGACISTKTPRPFSEIPSPGDNGWINLYRFWKETGTQKIHYHHVQNFQKYGPIYREKL  93
A. japonica    ----------MIGRWRVCSRAVAPCCSSWALYGDGGVMVPARGCQSAVYT----VRQGTKPDSSLGIRSFNEIPGLWKNSVANLYSFWKHDGFRNIHRIHHYQNFCNFGPIYREKI  104
O. mykiss      ----------MMVSWSVCRSSLALPACGLPSA----RHNSSMPV----VRQALSPDNSSTVVQNFSEIPGLWRNGLANLYSFWKLDGFRNIHRVHVHNFNTFGPIYREKI  95
O. latipes     ----------MARWHMCRSTVGLPLSWAEEPIA----SGARSSSSSMPVDSGSIPGEQQ-RCAGLSMVF---PDRWKNGLVNLYNFWKLDGFKNIHHIMVHVNFNTFGPIYREKI  96
I. punctatus   MGMGMGMGMGVMAVRCTTWN----SSLARSLAMLEGPGQ----VRACHSGSMPV----AKETLFPASSSTVRPFNEIPGWWKNSVGNLYTFWKLDGFKNIHHIMVHNFNTFGPIYREKI 107
G. rarus       ----------MDRWSL-RARLAQCLSTLKHLPQ----VRTTRTGRVPA----VRK-----DSSTVRPFSEIPGLWKNSVASLYTFWKMDGLRNIHRIMVYNFNMFGPIYREKI  90
D. rerio       ----------MARWSL-SARLDQSVSSLKHLLQ----VIVTRSGRAPA----IGL----QDSTVRPFNEIPGQWRNSLKSVFAFAKMGLRNIHRIMVHNFNTFGPIYREKI  90
G. gallus      ----------MLSRAAPIAGSFQAC----RCAGGIPA----LAGVHYPLPSSSGARPFDQVPGEWRAGWLYRLYRFLGDSKNPEFFDKANVTEMLAGFGDTTSM  85
X. tropicalis  ----------MLLLRRLPAVPSGLRMI----SHHSVVGA----GPEMGTLSQVDTPLPYNQMPGNWKRGWLELYRFWRKDGFNHIYHHMMENFQRFGPIYREAL  86
R. catesbeiana ----------MMLSR----RLCLLPSSSGMLNYHL----VVSESSSMIHN----QSGTSPLTPKPFRKDGFNHIHHLMEENFQRFGPIYREAL  86
                                                            *:    . .::.  .::: .*: * *.: :*:  ::: :*******

D. sabina      GYYDSIYIINPADAVIMFKSEGPLPKRLEVAPWAAYRDLRKENYGVQLLNGENWKRTRLILNNSIFAQSSIQRFVPLFNEVVLDFVSMVHKEVEKSRSDCWKTDLTNDLFKLALESICYV  218
H. sapiens     GNVESVYVIDPEDVALLFKSEGPNPERFLIPPWVAYHQYYQRPIGVLLKKSAAWKKDRVALNQEVMAPEATKNFLPLLDAVSRDFVSVLHRRIKKAGSGNYSGDISDDLFRFAFESITNV  170
...（序列比对其余部分）
```

I. 类固醇结合域；II. 皮质铁氧还原蛋白相互作用结构域；III. 亚铁血红素结合域。

图 2-12 稀有鮈鲫和其他脊椎动物 CYP11A1 氨基酸序列多重比对及结构的分析

3β-羟化类固醇脱氢酶（3β-HSD）的氨基酸序列同其他动物及人类 3β-HSD 氨基酸序列多重比对，所用序列为：稀有鮈鲫（AEV91662, *G. rarus*）、罗非鱼（ACJ24593, *O. niloticus*）、马（AAC04701, *E. caballus*）、斑马鱼（NP_997962, *D. rerio*）、家鼠（NP_0032319, *M. musculus*）、人（EAW56704, *H.*

sapiens）、斑点叉尾鮰（AAC16547, *I. punctatus*）、虹鳟（AAB31733, *O. mykiss*）、青鳉（NP_001131037, *O. latipes*）和胡瓜鱼（ACO09586, *O. mordax*）。

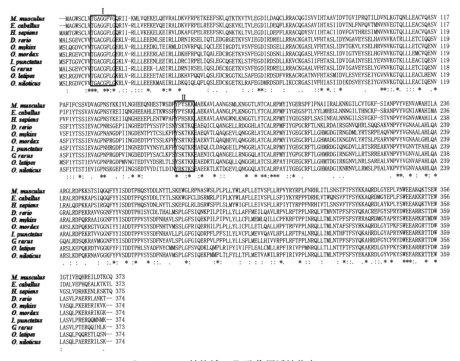

I. Rossmann 结构域；II. 酶作用活性位点。

图 2-13　稀有鮈鲫和其他脊椎动物 3β-HSD 氨基酸序列多重比对及结构的分析

稀有鮈鲫同其他动物及人类的 CYP17A1 氨基酸序列多重比对所用序列为：稀有鮈鲫（AEV91665, *G. rarus*）、黑头软口鲦（CAC38768, *P. promelas*）、斑马鱼（NP_997971, *D. rerio*）、黄颡鱼（ADV59775, *P. fulvidraco*）、红鳍东方鲀（NP_001098706, *F. rubripes*）、半滑舌鳎（ACB70405, *C. semilaevis*）、虹鳟鱼（NP_001118219, *O. mykiss*）、革胡子鲶（ACT88154, *C. gariepinus*）、角鲨（Q92113, *S. acanthias*）、斑点叉尾鮰（NP_001187242, *I. punctatus*）、鸡（NP_001001901, *G. gallus*）、大鼠（CAA49470, *R. norvegicus*）和人（AAA59984, *H. sapiens*）。

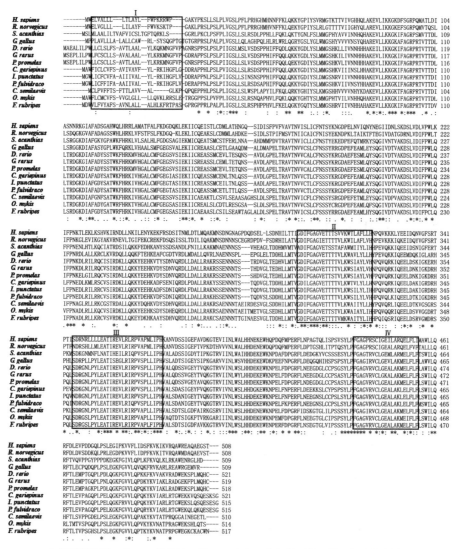

I. 跨膜结构域；II. Ono 结构域；III. Ozols' 十三肽序列；IV. 亚铁血红素结合域。

图 2-14　稀有鮈鲫和其他脊椎动物 CYP17A1 氨基酸序列多重比对及结构的分析

　　11β-羟化类固醇脱氢酶 2（11β-HSD2）氨基酸序列同其他动物 11β-HSD2 氨基酸序列多重比对分析所用序列为：稀有鮈鲫（KC454276，*G. ruras*）、斑马鱼（NP_997885，*D. rerio*）、革胡子鲇（ADI60062，*C. gariepinus*）、虹鳟鱼（NP_001117690，*O. mykiss*）、日本鳗鲡（BAF35260，*A. japonica*）、非洲爪蟾（NP_001086062，*X. tropicalis*）、人（AAH36780，*H. sapiens*）和家鼠（CAA62219,

M. musculus)。

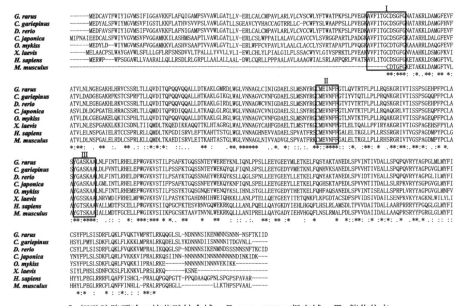

Ⅰ.烟酰胺腺嘌呤二核苷酸结合域；Ⅱ.11β–HSD2 保守域；Ⅲ.催化位点。

图 2-15　稀有鮈鲫和其他脊椎动物 11β–HSD2 氨基酸序列多重比对及结构的分析

2.3.3.3 稀有鮈鲫类固醇合成相关基因系统进化树分析

为了进一步更好地了解稀有鮈鲫 StAR 在进化发育史上所处的位置，将 StAR 氨基酸序列同其他鱼类以及其他脊椎动物的 StAR 氨基酸序列通过 Clustal X 和 Mega 4.0 软件分析，运用 Neighbor-joining（NJ）运算法构建系统发育树。类固醇合成急性蛋白 StAR 的氨基酸序列同其他物种进化树分析结果见图 2-16。构建系统发育树所用序列同 2.3.3.2 中 StAR 进行多重比对所用序列相同。通过系统进化树分析，发现稀有鮈鲫的 StAR 氨基酸序列与黑头软口鲦的 StAR 聚为一支。

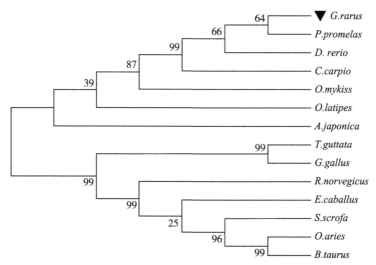

图 2-16　稀有鮈鲫 StAR 氨基酸序列与其他脊椎动物 StAR 氨基酸序列构建的进化树

胆固醇侧链裂解酶（CYP11A1）的氨基酸序列同其他物种进化树分析结果见图 2-17。构建系统发育树所用序列为同 2.3.3.2 中 CYP11A1 进行多重比对所用序列相同。稀有鮈鲫 CYP11A1 的氨基酸序列在系统发育树分析中，仍然与黑头软口鲦聚为一支。

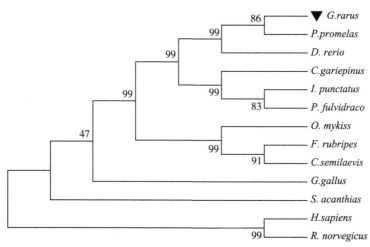

图 2-17　稀有鮈鲫 CYP11A1 氨基酸序列与其他脊椎动物 CYP11A1 氨基酸序列构建的进化树

3β - 羟化类固醇脱氢酶（3β -HSD）的氨基酸序列同其他物种进化树分析结果见图 2-18。构建系统发育树所用序列为同 2.3.3.2 中 3β -HSD 进行多重比对所用序列相同。稀有鮈鲫 3β－HSD 氨基酸序列和斑马鱼的 3β－HSD 氨基酸序列聚为一支。

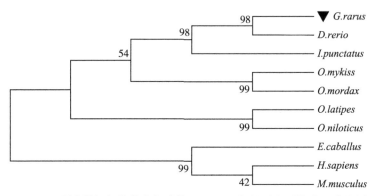

图 2-18　稀有鮈鲫与其他脊椎动物 3β-HSD 氨基酸序列构建的进化树

17α－羟化酶（CYP17A1）的氨基酸序列同其他物种进化树分析结果见图 2-19。构建系统发育树所用序列为同 2.3.3.2 中 CYP17A1 进行多重比对所用序列相同。系统发育树分析显示，稀有鮈鲫 CYP17A1 的氨基酸序列与斑马鱼的 CYP17A1 聚为一支。

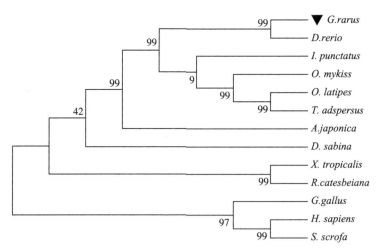

图 2-19　稀有鮈鲫 CYP17A1 氨基酸序列与其他脊椎动物 CYP17A1 氨基酸序列构建的进化树

11β－羟化类固醇脱氢酶 2（11β－HSD2）的氨基酸序列同其他物种进化树分析结果见图 2-20。构建系统发育树所用序列为同 2.3.3.2 中 11β－HSD2 进行多重比对所用序列相同。系统发育树分析发现，稀有鮈鲫的 11β－HSD2

仍然与斑马鱼聚为一支。

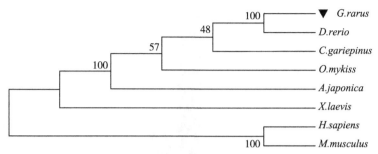

图 2-20 稀有鲌鲫与其他脊椎动物 11β-HSD2 氨基酸序列构建的进化树

2.3.4 组织分布

稀有鲌鲫基因 *StAR*、*cyp11a1*、*3β-HSD*、*cyp17a1* 和 *11β-HSD2* 的组织特异表达结果见图 2-21 至图 2-25。*StAR*、*cyp11a1* 和 *cyp17a1* 主要在性腺中表达（图 2-21、图 2-22 和图 2-24），而 *3β-HSD* 在性腺和脑中的表达都比较高（图 2-23）。*11β-HSD2* 在肝脏中的表达最高，卵巢中的表达量很低，而在精巢中的表达明显高于卵巢中的表达（图 2-25）。*3β-HSD* 在精巢中的表达量是卵巢中表达量的 1.9 倍。在雌鱼中，卵巢中 *3β-HSD* 的表达量同脑中 *3β-HSD* 的表达量几乎相同。但是在雄鱼中，精巢中 *3β-HSD* 的表达量是脑中的 2.33 倍。基因 *StAR*、*cyp11a1* 和 *cyp17a1* 在精巢中的表达极其显著地高于卵巢中的表达。雌鱼中，*11β-HSD2* 在肝脏中的表达量是卵巢中表达量的 681.54 倍。但是在雄鱼体内，*11β-HSD2* 在肝脏中的表达量是精巢中表达量的 20.1 倍。*11β-HSD2* 雄鱼脑中的表达量是雌鱼脑中表达量的 1.65 倍。

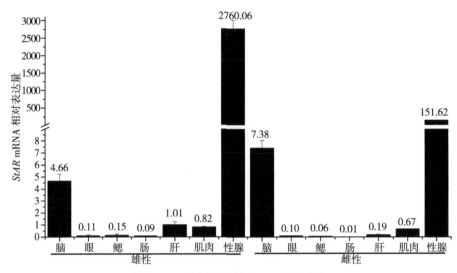

图 2-21　稀有鮈鲫基因 *StAR* 组织分布

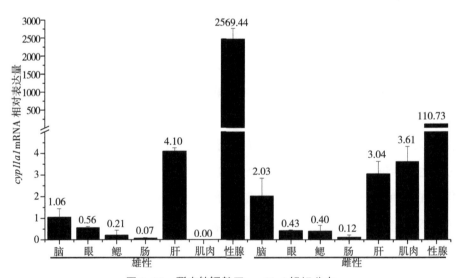

图 2-22　稀有鮈鲫基因 *cyp11a1* 组织分布

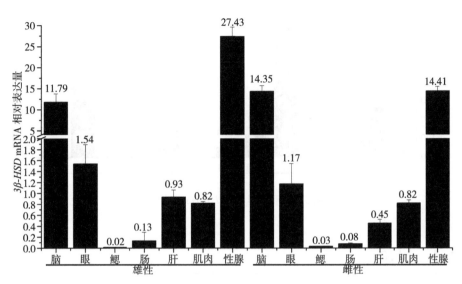

图 2-23　稀有鮈鲫基因 *3β-HSD* 组织分布

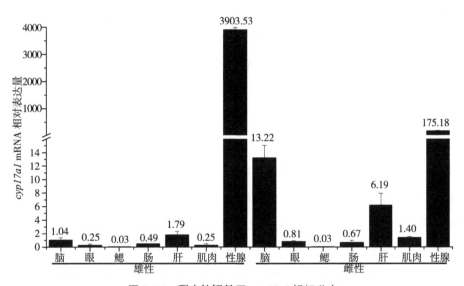

图 2-24　稀有鮈鲫基因 *cyp17a1* 组织分布

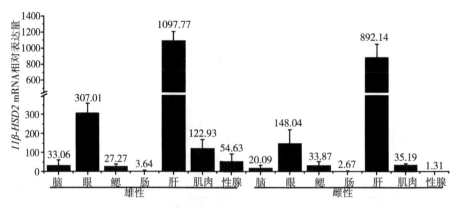

图 2-25　稀有鮈鲫基因 *11β-HSD2* 组织分布

2.4　讨论

本实验克隆了类固醇合成相关酶类基因 *StAR*、*cyp11a1*、*3β-HSD*、*cyp17a1* 和 *11β-HSD2* 的 cDNA 全长，从进化树分析结果来看，稀有鮈鲫和其他鲤科鱼类的同源关系比较近。稀有鮈鲫 *StAR* 基因经过 Blastn 分析发现，同黑头软口鰷（93%）和鲤鱼（93%）的相似性最高，同斑马鱼（83%）的相似性次之，同斑点叉尾鮰和加州鲈 *StAR* 基因相似性均为 77%。稀有鮈鲫 *cyp11a1* 同斑马鱼（87%）、罗非鱼（75%）、红鳍东方鲀（75%）的相似性较高。稀有鮈鲫 *3β-HSD* 同鲫鱼、斑马鱼和革胡子鲶的相似性分别为 90%、87% 和 74%。稀有鮈鲫 *cyp17a1* 同黑头软口鰷（94%）、斑马鱼（88%）、斑点叉尾鮰（88%）和黄颡鱼（78%）的相似性较高。稀有鮈鲫 *11β-HSD2* 同鲫鱼、斑马鱼、革胡子鲶、虹鳟和日本鳗鲡的相似性分别为 91%、87%、75%、73% 和 71%。稀有鮈鲫类固醇合成相关酶类 StAR、CYP11A1、3β-HSD、CYP17A1 和 11β-HSD2 的氨基酸同其他脊椎动物氨基酸多重比对分析结果显示，这些类固醇合成相关酶类以及蛋白的氨基酸在脊椎动物上的保守性很高，尤其是功能结构域的保守性更高，稀有鮈鲫和鲤科鱼类比如斑马鱼、黑头软口鰷等的氨基酸序列的相似性极高。

我们研究了类固醇合成相关基因在脑、鳃、眼睛、肌肉、肝脏、肠和性腺中的组织分布情况，研究结果发现基因 *StAR*、*cyp11a1* 和 *cyp17a1* 在雌雄鱼中都是在性腺中表达明显高于其他组织中的表达，前人的研究表明，很多硬骨鱼类的这三个基因在性腺中的表达是比较高的。Kusakabe 等（2002）采用半定量 PCR 的方法检测了虹鳟 *StAR* 的组织分布情况，结果发现基因 *StAR* 在虹鳟的精巢和卵巢中的表达都比较高。但是，有人采用半定量的方法研究了革胡子鲶基因 *StAR* 的组织分布情况发现，肝脏和性腺中表达都明显高于其他组织（Sreenivasulu et al.，2009；Ings et al.，2006）。Blasco 等（2010）采用 qRT-PCR 的方法检测了牙汉鱼 *cyp11a1* 的组织分布，*cyp11a1* 在牙汉鱼雌鱼的各个组织中均有分布，雄鱼 *cyp11a1* 主要分布在精巢、头肾和脾脏中。斑马鱼基因 *cyp11a1* 的组织分布研究结果表明，*cyp11a1* 主要在精巢、卵巢、肾间组织和脑中表达（Goldstone et al.，2010；Diotel et al.，2011；Hsu et al.，2009，2002；Ings et al.，2006；Hinfray et al.，2011）。*cyp17a1* 在日本鳗鲡雌鱼的卵巢中表达明显高于其他组织的表达，而在日本鳗鲡雌鱼，*cyp11a1* 主要在头肾中表达（Kazeto et al.，2006）。*cyp17a1* 在斑马鱼组织分布研究中发现，主要在精巢和卵巢中表达（Wang and Ge，2004；Goldstone et al.，2010；Diotel et al.，2011；Hinfray et al.，2011；Ings et al.，2006；Wang et al.，2011a）。*3β-HSD* 主要在性腺和脑中表达，这和前人采用半定量的方法研究日本鳗鲡 *3β-HSD* 组织分布的结果是一致的（Kazeto et al.，2006），在斑马鱼中 *3β-HSD* 主要分布在脑和卵巢中（To et al.，2007；Diotel et al.，2011；Hsu et al.，2006；Ings et al.，2006）。在哺乳动物，*3β-HSD* 在各个组织均有分布（Rogerson et al.，1998；Simard et al.，1993）。*11β-HSD* 是盐皮质激素和糖皮质激素的代谢酶，负责无活性的可的松和有活性的氢化可的松的相互转化，*11β-HSD2* 是负责将皮质醇转化为 11- 脱氢皮质醇，使糖皮质激素失活（Stulnig et al.，2004；Eijken et al.，2005）。本研究结果表明，*11β-HSD2* 在雌雄鱼中都是在肝脏中表达明显高于其他组织，主要由于 *11β-HSD2* 除了参与雄激素合成途径外，还参与糖皮质激素和盐皮质激素转换调节。雄鱼中主要在肝脏和精巢中表达比较高，而在雌鱼中主要在肝脏中表达，卵巢中的表达不是很高，主要原因是这个基因在性腺中的作用是参与雄激素 11-KT 的合成，因此在卵巢中的表达量低于精巢中的表达量（Rasheeda et al.，2010b；Alsop et al.，2008）。

2.5 小结

本研究获得了稀有鮈鲫类固醇合成相关基因 *StAR*、*cyp11a1*、*3β-HSD*、*cyp17a1* 和 *11β-HSD2* 的 cDNA 全长并分析了各基因的功能结构域，采用 qRT-PCR 的方法检测了这 5 个类固醇合成相关基因在稀有鮈鲫上的组织分布情况，结果表明 *StAR*、*cyp11a1* 和 *cyp17a1* 主要在稀有鮈鲫性腺中表达，*3β-HSD* 主要在稀有鮈鲫脑和性腺中表达，*11β-HSD2* 在精巢中的表达量远高于卵巢中。

3 17α-甲基睾酮和乙炔雌二醇对稀有鮈鲫肝脏 *vtg2*、类固醇合成相关基因 mRNA 表达以及性腺发育的影响

3.1 实验材料

3.1.1 实验动物

稀有鮈鲫成鱼购自中国科学院水生生物研究所（武汉）。

3.1.2 仪器和药品

石蜡切片机、尺子、天平、烘箱、染色缸、镊子、显微镜等。

17α-乙炔雌二醇（17α-Ethinylestradiol，EE2，纯度98%）、双酚A（Bisphenol A，BPA，纯度97%）、苏木精、伊红等。

其他实验试剂、实验仪器以及实验所需溶液配制参考2.1.2、2.1.3和2.1.4。

4%多聚甲醛配制见表3-1。

表3-1 4%多聚甲醛配制

药品	用量
多聚甲醛粉末	40 g
硫酸二氢钠	2.965 g
硫酸氢二钠	29 g
蒸馏水	1000 mL

（1）0.5% ～ 1% 伊红酒精溶液。称取伊红 0.5 ～ 1 g，加入少量蒸馏水溶解后，再滴加冰醋酸直至浆糊状。然后用滤纸过滤，将滤渣在烘箱中烘干，再用 95% 的无水乙醇 100 mL 溶解。

（2）苏木精染液配方见表 3-2。

表 3-2　苏木精染液配方

所需药品	用量
苏木精	6 g
无水乙醇	100 mL
硫酸铝钾	150 g
蒸馏水	2000 mL
碘酸钠	1.2 g
冰醋酸	120 mL
甘油	900 mL

3.2　实验方法

3.2.1　MT 和 EE2 暴露稀有鉤鲫

稀有鉤鲫成鱼在本实验室暂养 2 周后进行暴露实验，处理组包含 MT 和 EE2 2 个组，MT 暴露组分为 3 个浓度，分别为 25 ng/L、50 ng/L 和 100 ng/L，而 EE2 作为阳性对照组，我们根据 Zha 等（2007）的实验，把 EE2 的浓度设为 25 ng/L。将 EE2 和 MT 按 0.001%（v/v）的浓度分别溶解在无水乙醇中，对照组为 0.001%（v/v）无水乙醇水溶液。每个实验组和对照组各 45 尾鱼，雌雄鱼分开暴露，每天定时饲喂定量的红虫。实验组和对照组的 10 个鱼缸中水的体积均为 60 L，本实验采用半静水暴露的方法（Liu et al.，2012），每天定时更换一半体积的水及相应的暴露物质。所有的实验组及对照组暴露设计了 3 个取样时间点，分别为 7 d、14 d 和 21 d，每次取样数量为 15 尾雌鱼、15 尾雄鱼。光照周期为 14 h : 10 h（明 / 暗），水温控制在

25°C ± 2 °C。

3.2.2 生物学指标测量

暴露实验结束，稀有鮈鲫解剖并取样，解剖前先称量稀有鮈鲫的总重量，测量体长和总长，解剖后，用吸水纸尽量吸掉性腺上残留的体液和水分，然后称量性腺重量。

3.2.3 组织切片的制备与观察

稀有鮈鲫暴露 MT 和 EE2 后，精巢和卵巢经过多聚甲醛固定 24 h 后进行石蜡组织切片的制备。暴露实验结束后，立即解剖处理组及对照组的鱼，将其性腺均分为左右两部分，一部分性腺使用 4% 的多聚甲醛固定，另一部分性腺进行总 RNA 的提取。将固定于 4% 的多聚甲醛 24 h 后的性腺分别包在纱布内，流水缓慢冲洗 12 h 后进行组织脱水等后续步骤。

3.2.3.1 组织脱水

把冲洗 12 h 的性腺从纱布里小心取出，用吸水纸吸去性腺上的水分，然后将它们分别置于事先准备好的三角烧瓶或者小烧杯中。从上到下进行如下步骤（表 3-3）。

表 3-3　组织脱水步骤

酒精浓度	脱水时间
50% 乙醇	1.5 h
70% 乙醇	1.5 h
80% 乙醇	1 h
90% 乙醇 I	30 min
90% 乙醇 II	30 min
100% 乙醇 I	20 min
100% 乙醇 II	20 min

3.2.3.2 组织透明

本实验选择二甲苯为透明剂，首先用二甲苯和乙醇混合液（*v/v*=1∶1）浸泡性腺组织 10 min，然后再用二甲苯浸泡 5 ～ 10 min，该过程要经常观察性腺的透明情况，组织一经透明，必须立刻从二甲苯中取出。

3.2.3.3 组织浸蜡与包埋

将处理好的性腺分别浸入下列蜡中（表 3-4）。

包埋，4℃保存。

表 3-4　组织浸蜡

蜡的种类	浸蜡时间 /min
1/2 二甲苯 1/2 软蜡	10
软蜡Ⅰ（熔点为 54 ～ 56℃）	10
软蜡Ⅱ	10
硬蜡Ⅰ（熔点为 56 ～ 58℃）	10
硬蜡Ⅱ	10

3.2.3.4 切片、展片

待蜡块完全凝固后，将包埋有组织的蜡块从纸盒里拿出来，用小刀修整蜡块为规则的形状。用切片机切出 6 μm 的连续蜡带，水浴锅调至 55℃，然后把一个盛有去离子水的烧杯放在水浴锅中，待烧杯中的水温平衡到 55℃时，将切好的蜡带放于烧杯的水面上进行展片，然后用事先洗干净的载玻片捞起展开的蜡带，最后置于 37℃恒温箱中过夜烘片。载玻片和盖玻片的清洗见附录 12。

3.2.3.5 脱蜡、染色、封片

脱蜡：将 37℃烘过夜的载玻片置于染色缸中，将二甲苯Ⅰ倒入染色缸中静置 10 min，然后回收二甲苯Ⅰ，再将二甲苯Ⅱ倒入染色缸中静置 10 min，这样，组织周围的蜡就完全被脱掉，利于下一步的染色。

染色：详细步骤见附录 13。

封片：用中性树胶把盖玻片和载玻片黏合。

最后，镜检，拍照。

3.2.4　总 RNA 的提取、检测和反转录

暴露 MT 和 EE2 后的稀有鮈鲫测量生物学指标后进行解剖，取出性腺和肝脏，用 Trizol 一步法进行总 RNA 的提取，详细步骤同 2.2.1。

3.2.5　内参基因的筛选

为了获得更加精确的实验数据，首先需要筛选稀有鮈鲫暴露于 MT 和 EE2 后，仍然比较稳定的内参基因，这样才能保证相对实时荧光定量 PCR 结果的可信度。本研究选取 4 个常用的内参基因 β 肌动蛋白（*β-actin*）、翻译延伸因子 1α（*ef1a*）、*gapdh* 和 *tuba1*，采用实时荧光定量 PCR（步骤同 2.2.3.3）检测雌雄稀有鮈鲫暴露 MT 和 EE2（7 d、14 d 和 21 d）后肝脏和性腺中这 4 个内参基因的表达量，然后用 4 种不同的方法 ge Norm（Vandesompele et al., 2002）、Comparative Delta CT method（Silver et al., 2006）、Best Keeper（Pfaffl et al., 2004）和 Norm Finder（Andersen et al., 2004）分析了 4 个内参基因 *β-actin*、*ef1a*、*gapdh* 和 *tuba1* 的稳定性。

3.2.6　实时荧光定量 PCR

实时荧光定量 PCR 检测雌雄稀有鮈鲫暴露 MT 和 EE2 7 d、14 d 和 21 d 后肝脏中 *vtg2* 的 mRNA 表达量和性腺中类固醇合成相关基因 *StAR*、*cyp11a1*、*3β-HSD*、*cyp17a1*、*cyp19a1a* 和 *11β-HSD2* 的 mRNA 表达量。详细的加样步骤和实时荧光定量 PCR 程序同 2.2.3.3。

3.2.7　数据分析

7 d、14 d 和 21 d 的数据分开各自处理，用 $2^{-\Delta\Delta Ct}$ 的方法进行数据分析，本实验中的 qRT-PCR 采用相对定量，数据分析用 $2^{-\Delta\Delta Ct}$ 的方法进行，公式（Livak and Schmittgen，2001）如下。

$$F = 2^{-\Delta\Delta Ct}, \quad -\Delta\Delta C_t = (C_{t, 目的基因} - C_{t, 内参基因})_{EDCs} - (C_{t, 目的基因} - C_{t, 内参基因})_{对照组}$$

数据结果均以 mean ± SD 出现。运用 SPSS 统计学分析软件中的单因素方差分析（ANOVA）和最小显著差异法（LSD）进行差异显著分析，$P < 0.05$ 为差异显著，$P < 0.01$ 为差异极显著。

3.3 实验结果

3.3.1 MT 和 EE2 对稀有鮈鲫生长发育的影响

暴露实验结束后，解剖前先测量稀有鮈鲫的生物学指标，如体重、体长和全长。解剖之后，测量鱼性腺重等指标，详细测量结果见表 3–5。EE2 暴露 7 d 和 14 d 后显著降低了雌鱼性腺指数，延长 EE2 暴露时间至 21 d，发现雌鱼的性腺指数未受到影响，但是雄鱼的性腺指数、精巢重和雄鱼体重与对照组相比却显著降低了。稀有鮈鲫暴露 50 ng/L 和 100 ng/L 的 MT 7 d 之后，与对照组相比，稀有鮈鲫雌鱼的性腺指数显著降低。与对照组雌鱼卵巢重量相比，MT 不同浓度暴露稀有鮈鲫雌鱼 7 d 后，卵巢重量显著降低，但是只有 100 ng/L 的 MT 显著降低了雌鱼的体重。有趣的是，50 ng/L 的 MT 暴露 14 d 后，雄鱼性腺指数显著升高。通过对生物学指标的观察和研究，我们发现稀有鮈鲫雌鱼比雄鱼对 MT 和 EE2 更加敏感。

表 3-5 稀有鮈鲫生物学指标

暴露时间/d	暴露浓度	体长/mm		体重/g		性腺重/g		CSI/%	
		雌性	雄性	雌性	雄性	雌性	雄性	雌性	雄性
7	对照	38.27±4.75	39.78±3.63	1.18±0.47	1.03±0.26	0.12±0.10	0.03±0.01	9.38±0.05	8.83±0.01
	25 ng/L EE2	39.00±5.81	40.82±5.79	1.04±0.53	1.09±0.37	0.04±0.05*↓	0.03±0.01	3.66±0.02*↓	2.30±0.01
	25 ng/L MT	35.91±3.56	39.56±5.81	0.88±0.21	1.12±0.52	0.05±0.04*↓	0.03±0.03	5.80±0.04	2.73±0.01
	50 ng/L MT	36.25±2.82	37.20±6.29	0.97±0.21	1.04±0.45	0.05±0.03*↓	0.03±0.03	5.50±0.03*↓	2.99±0.02
	100 ng/L MT	35.36±2.62	36.89±5.80	0.89±0.21*↓	0.91±0.28	0.04±0.03*↓	0.02±0.02	4.06±0.02*↓	2.34±0.01
14	对照	38.33±2.74	37.40±4.12	1.08±0.26	0.93±0.38	0.07±0.06	0.02±0.02	5.87±0.04	2.53±0.01
	25 ng/L EE2	36.33±4.81	36.67±5.79	1.00±0.31	0.98±0.40	0.02±0.01*↓	0.02±0.02	2.33±0.01*↓	1.95±0.01
	25 ng/L MT	38.85±5.27	36.56±2.40	1.20±0.45	0.89±0.19	0.11±0.08	0.05±0.06	8.20±0.05	2.54±0.08
	50 ng/L MT	37.58±5.35	37.25±4.44	1.09±0.47	0.96±0.26	0.10±0.09	0.04±0.01	7.78±0.06	4.28±0.01*
	100 ng/L MT	37.38±4.33	34.00±3.08	1.08±0.41	0.73±0.18	0.07±0.07	0.02±0.02	5.66±0.03	3.37±0.03
21	对照	40.55±4.82	37.96±3.94	1.09±0.35	1.01±0.34	0.06±0.04	0.03±0.03	5.41±0.03	3.26±0.02
	25 ng/L EE2	36.73±4.20*↓	36.00±3.35	0.89±0.29	0.74±0.17*↓	0.05±0.03	0.01±0.01*↓	6.36±0.03	1.41±0.01*↓
	25 ng/L MT	38.68±4.45	38.00±5.33	1.10±0.37	1.05±0.40	0.05±0.04	0.04±0.03	4.88±0.03	3.80±0.04
	50 ng/L MT	35.77±4.69*↓	36.89±3.59	0.92±0.34	0.93±0.18	0.07±0.06	0.02±0.01	6.61±0.04	2.41±0.01
	100 ng/L MT	38.83±3.74	36.78±3.20	1.09±0.33	0.94±0.23	±0.06±0.05	0.04±0.04	5.47±0.04	4.14±0.04

注：表中的数据均以 mean±SD 显示，星号代表与对照组之间存在显著差异（* 表示 $P < 0.05$；** 表示 $P < 0.01$），向上（↑）和向下（↓）的箭头表示平均值升高和降低，没有箭头和星号的表示数据与对照组无显著差异。

3.3.2　EE2暴露对稀有鮈鲫性腺的影响

25 ng/L 的 EE2 暴露稀有鮈鲫雌雄鱼 7 d、14 d 和 21 d 后，精巢和卵巢的发育都受到不同程度抑制。对于雌鱼而言，7 d 的 EE2 暴露之后使得卵巢中的初级卵母细胞（Poc，不成熟的卵细胞）迅速增多，而成熟的卵细胞比例严重下降（彩图 3-1B1），14 d 和 21 d EE2 暴露之后，雌鱼卵巢中已经只剩下初级卵母细胞，而成熟的卵细胞已经彻底观察不到了（彩图 3-1B2 和 B3）。

EE2 暴露的雄鱼组中，精巢也发生了巨大的变化，细胞间的连接组织已经不清晰，精子减少，出现了很多空泡化现象（彩图 3-2）。尤其是 EE2 处理 14 d 的时候，几乎看不到成熟精子了，只能观察到大量的空泡（彩图 3-2B2）。而 EE2 暴露 21 d 的时候，精巢中成熟精子的数量比 EE2 暴露 14 d 的时候稍微有所增多，空泡现象也比 14 d 的时候少了许多（彩图 3-2B3）。

3.3.3　MT暴露对稀有鮈鲫性腺的影响

3 个浓度（25 ng/L、50 ng/L 和 100 ng/L）的 MT 暴露稀有鮈鲫雌雄鱼 7 d、14 d 和 21 d，卵巢和精巢都受到不同程度的抑制作用。在雌鱼组中，25 ng/L 和 50 ng/L 的 MT 暴露 7 d 和 14 d 后，卵巢中未成熟的卵母细胞（Poc）的比例明显升高，而成熟的卵细胞（Voc）数目减少（彩图 3-3）。100 ng/L 的 MT 暴露 21 d 后，卵巢中已经观察不到成熟的卵细胞了，只有未成熟的卵细胞，而 100 ng/L 的 MT 暴露 7 d 和 14 d 后，成熟卵细胞和未成熟的卵细胞共同存在于卵巢中（彩图 3-3）。在 MT 暴露的雄鱼组中，随着 MT 浓度的增大和暴露时间的延长，精巢空泡化程度逐渐明显，同时，我们发现成熟的精子逐渐减少（彩图 3-4）。在所有对照组的稀有鮈鲫性腺中，未发现异常存在。

3.3.4　内参基因筛选

从表 3-6 可知，*β-actin* 在 4 种方法（ge Norm、Comparative Delta CT method、

Best Keeper 和 Norm Finder）中是最稳定的，*gapdh* 稳定性最差。因此，本实验中选择 *β–actin* 为内参基因。

表 3-6　内参基因 *β-actin*、*ef1a*、*tuba1* 和 *gapdh* 的稳定性

内参基因稳定性		ge Norm		Comparative Delta CT method		Best Keeper		Norm Finder	
基因	M 值	基因	M 值	基因	M 值	基因	M 值	基因	M 值
β–actin	1.00	*β–actin*	0.76	*β–actin*	1.61	*β–actin*	1.34	*β–actin*	0.38
ef1a	1.86	*ef1a*	0.76	*ef1a*	1.75	*tuba1*	1.43	*ef1a*	0.99
tuba1	2.71	*tuba1*	1.28	*tuba1*	1.98	*ef1a*	1.56	*tuba1*	1.30
gapdh	4.00	*gapdh*	2.03	*gapdh*	2.78	*gapdh*	3，19	*gapdh*	2.61

3.3.5　MT 和 EE2 暴露后肝脏 *vtg2* 基因的表达变化

本研究用 qRT-PCR 的方法检测了稀有鮈鲫雌雄鱼暴露 MT 和 EE2（7 d、14 d 和 21 d）之后肝脏中基因 *vtg2* 的表达变化情况（表 3-7）。相对于对照组的雌鱼，EE2 暴露 7 d、14 d 和 21 d 之后的雌鱼，肝脏中的 *vtg2* 基因的表达量分别升高了 9.29 倍、30.19 倍和 7.40 倍。25 ～ 100 ng/L 的 MT 暴露 7 d、14 d 和 21 d 后，雌鱼肝脏 *vtg2* 的转录均被显著抑制（11.73 ～ 16937.66 倍）。尤其是 50 ng/L 的 MT 暴露雌鱼 7 d 后，肝脏中 *vtg2* 基因的表达量被抑制了 16937 倍之多。

表 3-7　稀有鮈鲫暴露 MT 和 EE2 后肝脏 *vtg2* 基因表达情况

性别	暴露浓度	暴露时间					
		7 d		14 d		21 d	
		Vtg 表达的倍数变化	P 值	Vtg 表达的倍数变化	P 值	Vtg 表达的倍数变化	P 值
雌鱼	25 ng/L EE2	9.29	0.01	30.19	0.02	7.40	0.05
	25 ng/L MT	−45.59	0.04	−15.52	0.04	−5.17.35	0.05
	50 ng/L MT	−16937.66	0.04	−36.90	0.05	−160.97	0.05
	100 ng/L MT	−11.37	0.05	−31.61	0.05	−783.50	0.05

续表

性别	暴露浓度	暴露时间					
		7 d		14 d		21 d	
		Vtg 表达的倍数变化	P 值	Vtg 表达的倍数变化	P 值	Vtg 表达的倍数变化	P 值
雄鱼	25 ng/L EE2	760215.64	< 0.01	230075.12	0.02	106749.59	0.02
	25 ng/L MT	1.47	0.50	1.82	0.35	−19.11	0.05
	50 ngL MT	3.90	0.03	5.80	0.05	−4.40	0.05
	100 ng/L MT	22.02	0.01	10.87	0.04	−1.90	0.26

注：表中的数据无标记的表示肝脏 *vtg2* 基因升高的倍数，数据标明负号（−）的表示肝脏 *vtg2* 基因表达被抑制的倍数，P 值是黑体的表示与对照组差异显著（$P < 0.05$）。

在稀有鮈鲫雄鱼暴露组中，EE2 使雄鱼肝脏中的 *vtg2* 基因的 mRNA 表达量显著升高，并且同暴露时间呈负相关的关系，EE2 暴露时间越长，雄鱼肝脏 *vtg2* 基因的表达量升高的倍数越低（表 3–7）。而 50 ng/L 和 100 ng/L 的 MT 暴露 7 d 和 14 d 后，雄鱼肝脏 *vtg2* 的 mRNA 表达均显著升高。但是，随着暴露时间延长至 21 d 后，MT 却抑制了雄鱼肝脏 *vtg2* 的 mRNA 表达，尤其是 25 ng/L 和 50 ng/L 的 MT 使得雄鱼肝脏 *vtg2* 的 mRNA 表达被显著抑制（表 3–7）。

3.3.6　EE2 和 MT 暴露稀有鮈鲫 7 d、14 d 和 21 d 类固醇合成相关基因的表达变化

基因表达量的变化情况如表 3–8 和表 3–9 所示。作为强雌激素，乙炔雌二醇在本实验中作为雌激素阳性对照。对于稀有鮈鲫雌鱼而言，EE2（25 ng/L）暴露 7 d、14 d 和 21 d 后，卵巢组织 *3β-HSD* 和 *11β-HSD2* 的基因表达被极显著抑制，而 MT 各浓度对基因 *3β-HSD* 和 *11β-HSD2* 的作用明显比对基因 *StAR*、*cyp11a1*、*cyp17a1* 和 *cyp19a1a* 的作用小很多。

表 3-8　稀有鮈鲫暴露暴露 MT 和 EE2 后卵巢类固醇醇合成相关基因表达情况

暴露时间 /d	浓度	StAR		cyp11a1		3β–HSD		cyp17a1		11β–HSD2		cyp19a1a	
		倍数变化	P 值	倍数变化	P 值	倍数变化	P 值	倍数变化	P 值	倍数变化	P 值	倍数变化	P 值
7	25 ng/L EE2	-59.00	< 0.01	-14.61	< 0.01	-1.41	0.35	-13.20	< 0.01	1.33	0.20	-12.29	< 0.01
	25 ng/L MT	-1.19	0.90	-2.22	0.01	-1.08	0.77	1.84	0.02	1.57	0.04	1.21	0.48
	50 ng/L MT	-8.24	< 0.01	-1.51	0.23	1.34	0.19	6.53	< 0.01	1.33	0.21	-1.67	0.53
	100 ng/L MT	-42.45	< 0.01	-57.31	< 0.01	-8.40	0.01	-10.61	< 0.01	1.08	0.72	-2.04	0.35
14	25 ng/L EE2	-36.72	< 0.01	-20.07	< 0.01	-1.58	0.05	-14.33	< 0.01	-1.17	0.53	-6.44	< 0.01
	25 ng/L MT	1.46	0.37	-4.92	0.01	1.07	0.81	-11.59	< 0.01	1.38	0.29	2.55	0.31
	50 ng/L MT	1.09	0.87	-3.67	0.02	-1.03	0.89	-13.72	< 0.01	-1.43	0.16	6.03	< 0.01
	100 ng/L MT	-45.08	< 0.01	-21.04	< 0.01	-3.94	0.01	-60.75	< 0.01	-4.06	< 0.01	-2.32	0.03
21	25 ng/L EE2	-38.54	< 0.01	-83.33	< 0.01	-1.40	0.66	-53.11	< 0.01	1.38	0.58	-21.06	< 0.01
	25ng/L MT	3.23	< 0.01	-5.25	0.07	1.17	0.80	-3.96	< 0.01	-1.60	0.12	2.47	< 0.01
	50 ng/L MT	4.22	< 0.01	-1.79	0.35	1.58	0.38	1.63	< 0.01	8.88	< 0.01	2.86	< 0.01
	100 ng/LMT	4.97	< 0.01	-1.71	0.10	1.31	0.65	-1.94	< 0.01	1.49	0.30	2.25	0.01

注：表中的数字表示处理组稀有鮈鲫卵巢中相对于对照组稀有鮈鲫卵巢中基因表达量的降低倍数（－）或者升高倍数（StAR、cyp11a1、3β-HSD、cyp17a1、11β-HSD2 和 cyp19a1a）。

表 3-9 稀有鮈鲫暴露 MT 和 EE2 后精巢类固醇合成相关基因表达情况

暴露时间/d	浓度	StAR		cyp11a1		3β-HSD		cyp17a1		11β-HSD2		cyp19a1a	
		倍数变化	P值	倍数变化	P值	倍数变化	P值	倍数变化	P值	倍数变化	P值	倍数变化	P值
7	25 ng/L EE2	-16.62	<0.01	-5.13	<0.01	-1.82	0.03	-30.80	0.01	-11.89	<0.01	1.09	0.79
	25 ng/L MT	-5.30	<0.01	-1.59	0.03	-1.37	0.17	-1.71	0.53	-3.59	<0.01	-1.12	0.55
	50 ng/L MT	-2.39	<0.01	-1.30	0.15	-1.14	0.53	-1.56	0.34	-1.80	0.01	-1.58	0.09
	100 ng/L MT	-8.73	<0.01	-4.57	<0.01	-2.37	0.01	-21.17	<0.01	-11.82	<0.01	1.59	0.21
14	25 ng/L EE2	-7.81	<0.01	-3.80	<0.01	-1.91	0.11	-6.16	<0.01	-6.48	<0.01	-1.10	0.83
	25 ng/L MT	1.05	0.91	-1.43	0.12	-2.44	0.03	1.19	0.51	-1.42	0.28	-1.08	0.85
	50 ng/L MT	1.53	0.38	-1.72	0.04	-1.50	0.19	50.91	<0.01	-1.31	0.37	1.71	0.10
	100 ng/L MT	-2.36	0.05	-1.63	0.07	1.44	0.70	77.82	<0.01	2.20	<0.01	1.35	0.40
21	25 ng/L EE2	-4.13	<0.01	-5.51	0.07	-2.27	0.18	-12.35	<0.01	-1.61	0.32	-1.64	0.35
	25 ng/L MT	1.36	0.24	-1.03	0.94	1.01	0.96	-1.22	0.42	2.39	<0.01	1.87	0.06
	50 ng/L MT	1.48	0.26	1.22	0.51	-1.34	0.49	-1.32	0.25	1.68	0.01	2.08	0.03
	100 ng/LMT	-5.32	<0.01	-7.55	0.03	-1.86	0.19	-34.25	<0.01	-3.15	0.06	-1.52	0.41

注：表中的数字表示处理组稀有鮈鲫精巢中相对于对照组稀有鮈鲫精巢中基因表达量的降低倍数（-）或者升高倍数（StAR、cyp11a1、3β-HSD、cyp17a1、11β-HSD2 和 cyp19a1a）。

74

低浓度 MT（25 ng/L）暴露雌鱼 7 d 后，卵巢中基因 *cyp11a1* 的表达上调，是对照组的 0.45 倍，然而 *cyp17a1* 和 *11β-HSD2* 的表达却下调，分别是对照组的 1.84 倍和 1.57 倍。而卵巢中基因 *StAR*、*3β-HSD* 和 *cyp19a1a* 对低浓度的 MT 是不敏感的。中浓度 MT（50 ng/L）暴露雌鱼 7 d 后，卵巢中 *StAR* 的 mRNA 表达降低到对照组的 0.12 倍，与之相反，*cyp17a1* 在卵巢中的 mRNA 表达升高到对照组的 6.53 倍。高浓度 MT（100 ng/L）暴露雌鱼 7 d 后，与对照组相比，*StAR*、*cyp11a1*、*3β-HSD* 和 *cyp17a1* 的表达均受到显著抑制。而 *cyp19a1a* 和 *11β-HSD2* 基因不受高浓度 MT 的影响（表 3–8）。

雌鱼暴露 MT 14 d 后，低浓度和中浓度的 MT 对基因 *cyp11a1* 和 *cyp17a1* 均产生显著的抑制作用（表 3–8）。50 ng/L MT 处理雌鱼 14 d，卵巢中 *cyp19a1a* 的 mRNA 表达量是对照组雌鱼卵巢中此基因的 6.03 倍。高浓度的 MT（100 ng/L）暴露稀有鮈鲫雌鱼 14 d 后，在 6 个类固醇合成相关基因中，*StAR*、*cyp11a1*、*3β-HSD*、*cyp17a1* 和 *11β-HSD2* 均受到极显著抑制（$P < 0.01$），*cyp19a1a* 的表达受到显著抑制（$P < 0.05$）。

稀有鮈鲫雌鱼暴露 MT 21 d 后，与对照组相比，低浓度的 MT 使卵巢中基因 *StAR* 和 *cyp19a1a* 的转录水平分别升高到 3.23 倍和 2.47 倍，却使卵巢中 *cyp17a1* 转录水平的表达显著降低。中浓度的 MT 极其显著地促进了卵巢基因 *StAR*、*cyp17a1*、*11β-HSD2* 和 *cyp19a1a* 的表达，使其分别升高至 4.22 倍、1.63 倍、8.88 倍和 2.86 倍。高浓度 MT 暴露稀有鮈鲫雌鱼 21 d 后，卵巢中基因 *StAR* 和 *cyp19a1a* 分别是对照组的 4.97 倍和 2.25 倍。而卵巢中 *cyp17a1* 的 mRNA 表达却受到高浓度 MT 的显著抑制（表 3–8）。

在雄鱼暴露组中，和对照组相比，EE2 暴露稀有鮈鲫 7 d、14 d 和 21 d 均对基因 *StAR*、*cyp11a1*、*3β-HSD*、*cyp17a1* 和 *11β-HSD2* 产生显著的抑制作用，而对精巢中基因 *cyp19a1a* 没有明显的影响（表 3–9）。雄鱼暴露 7 d 后，低浓度 MT 使精巢中的基因 *StAR*、*cyp11a1* 和 *11β-HSD2* 的表达显著下降，而 *3β-HSD*、*cyp17a1* 和 *cyp19a1a* 在精巢中的表达量不受低浓度 MT 的影响。50 ng/L 的 MT 暴露 7 d 能显著抑制 *StAR* 和 *11β-HSD2* 的基因表达。高浓度 MT 暴露雄鱼 7 d 后，除了芳香化酶基因 *cyp19a1a*，其他 5 个基因均受到极其显著的抑制作用（表 3-9）。

MT 暴露雄鱼 14 d 后，低浓度对精巢中多数类固醇合成相关基因的表达没有明显的影响，仅有 *3β-HSD* 的表达受到显著抑制。中浓度的 MT 暴露雄鱼 14 d，精巢中 *cyp17a1* 的 mRNA 表达高达对照组精巢 *cyp17a1* 表达的 50.91 倍。中浓度 MT 暴露稀有鮈鲫 14 d 后，精巢中 *cyp11a1* 的表达受到显著抑制，转录水平表达量降低为对照组的 0.58 倍。高浓度 MT 暴露雄性稀有鮈鲫 14 d 后，基因 *cyp17a1* 和 *11β-HSD2* 的 mRNA 表达显著提高，分别是对照组的 77.82 倍和 2.20 倍（表 3-9）。

暴露稀有鮈鲫雄鱼 21 d 后，低浓度 MT 只上调精巢 *11β-HSD2* 的表达，对其他 5 个基因均无显著影响。中浓度 MT 暴露稀有鮈鲫 21 d 后，精巢中 *11β-HSD2* 和 *cyp17a1* 的表达显著上调，分别为对照组的 1.68 倍和 2.08 倍。高浓度 MT 暴露雄鱼 21 d 的时候，精巢中 *StAR*、*cyp11a1* 和 *cyp17a1* 被显著抑制，尤其是 *cyp17a1* 的表达，仅为对照组的 0.03 倍（表 3-9）。

3.4 讨论

3.4.1 MT 和 EE2 对稀有鮈鲫生物学指标和性腺发育的影响

MT 和 EE2 暴露稀有鮈鲫 7 d、14 d 和 21 d 后，我们分别测量了雌雄鱼的生物学指标，计算了性腺指数 GSI，同时采用实时荧光定量 PCR 的方法检测了稀有鮈鲫雌雄鱼暴露 MT 和 EE2 后肝脏 *vtg2* 基因的 mRNA 表达，以这两个指标作为生物学的测试终点，来研究 MT 的生物学作用及作用途径。组织学的研究结果表明，25 ng/L 的 EE2 使稀有鮈鲫的精巢和卵巢退化，同时使鱼体性腺指数显著降低，抑制了性腺发育，这个结果同前人的研究结果是一致的（Zha et al., 2007；Zerulla et al., 2003；Länge et al., 2001）。在 Zha 等（2007）的研究中，浓度为 1 ~ 25 ng/L 的 EE2 可以引起稀有鮈鲫雄鱼出现精卵巢，但是，在本研究中，稀有鮈鲫雄鱼性腺中没有发现精卵巢的存在，这种差异的原因可能是暴露时间不同和稀有鮈鲫发育阶段的不同。MT 处理 7 d 后同样引起稀有鮈鲫雌鱼性腺指数显著降低，抑制卵巢发育。MT 处理 7 d、14 d 和 21 d 后，稀有鮈鲫雌鱼卵巢都有不同程度的退化，随着暴露时间的增加，退化程度逐渐严重，同时，随着 MT 暴露浓度的升高（25 ng/L、50 ng/L 和 100 ng/L），卵巢退化的程度也是逐渐严重，稀有鮈鲫雌鱼卵巢在暴露 MT 后的退化和发育迟缓与前人研究黑头软口鰷和青鳉暴露 MT 后性腺组织学的研究结果是一致的（Pawlowski et al.，2004；Kang et al.，2008），因为稀有鮈鲫和黑头软口鰷、青鳉的亲缘关系比较近，因此，本研究和前人的研究结果表明 MT 可以抑制鱼类性腺的发育，阻碍生殖细胞的成熟。MT 在 50 ng/L 和 100 ng/L 暴露稀有鮈鲫雄鱼的时候，我们发现精巢出现不同程度的畸形，但是，Pawlowski 等（2004）的研究结果表明，黑头软口鰷雄鱼暴露 0.1～50 μg/L 的 MT 后，精巢没有发生明显的变化，精子数量也没有出现异常情况。在 MT 暴露青鳉的实验中，精巢在 MT 浓度为 22.5～188 ng/L 暴露后无明显的组织学变化，只有在 MT 浓度为 380 ng/L 的时候，青鳉的精巢才出现精卵巢的现象（Kang et al.，2008）。通过比较不同浓度 MT 在不同种鱼的作用效果，我们认为稀有鮈鲫精巢对 MT 的敏感度是高于青鳉和黑头软口鰷的。MT 可以引起稀有鮈鲫精巢和卵巢出现异常的作用机制尚不清楚，这需要在激素水平进一步研究 MT 抑制性腺发育的作用机理和途径。

3.4.2 MT 和 EE2 对稀有鮈鲫肝脏 *vtg2* 的影响

众所周知，很多前人的研究已经表明 EE2 会通过肝脏雌激素受体引起鱼类肝脏中卵黄蛋白原（VTG）含量的增高。基因 *vtg2* 的 mRNA 表达对外源雌激素的敏感度高于 VTG 蛋白的表达。例如 10 ng/L 的 EE2 暴露黑头软口鰷雄鱼后，*vtg* 基因的 mRNA 表达量比血浆中 VTG 的浓度高出两个数量级（Filby et al.，2007）。因此，本实验中，选择了 *vtg2* 在 mRNA 水平的表达作为检测肝脏中 VTG 合成多少。和我们预期的一样，EE2 使稀有鮈鲫雌雄鱼肝脏中的 *vtg2* 基因在 mRNA 水平的表达明显升高，并且，雄鱼肝脏 *vtg2* 基因的升高远远大于雌鱼肝脏中 *vtg2* 基因的变化，这个结果同前人研究黑头软口鰷和斑马鱼暴露 EE2 的结果是一致的（Kidd et al.，2007；Filby et al.，2007；Xu et al.，

2008）。

在稀有鮈鲫雄鱼暴露实验中，MT 处理 7 d 和 14 d 后，引起肝脏中基因 *vtg2* 的 mRNA 表达升高，更有趣的是，MT 暴露雄鱼 21 d 后，抑制了雄鱼肝脏中 *vtg2* 在 mRNA 的表达。我们的研究结果表明，雄激素可能参与肝脏 VTG 的合成。前人的很多研究表明，MT 会影响鱼体肝脏 VTG 的合成。4.5 ng/L 的 MT 暴露斑马鱼雄鱼 7 d 后，整个鱼体匀浆后测 VTG 的含量，与对照组相比，MT 处理的雄鱼 VTG 的含量显著升高（Andersen et al., 2006）。此外，MT 暴露日本青鳉 F_1 代，9.98 ng/L 的 MT 使得孵化后 60 d 的 F_1 代的 VTG 含量显著升高（Seki et al., 2004）。高浓度的 MT（0.2 ～ 200 μg/L）同样可以使得黑头软口鲦雄鱼体内的 VTG 含量显著升高（Ankley et al., 2001; Hornung et al., 2004）。有学者推测，MT 之所以可以使体内的 VTG 含量升高，可能是由于 MT 被芳香化成了甲雌二醇（ME2），随后，ME2 作为雌激素通过肝脏中的雌激素受体使得 *vtg2* 基因的表达升高（Hornung et al., 2004）。

稀有鮈鲫雌鱼的暴露实验中，25 ～ 100 ng/L 的 MT 进行 7 d、14 d 和 21 d 暴露后，肝脏中 *vtg2* 基因的表达几乎全部显著下调。稀有鮈鲫雌鱼肝脏中 *vtg2* 基因的这种反应与之前学者们的研究结果是吻合的。日本青鳉幼鱼从孵化开始一直暴露 MT（0.35 ～ 9.98 ng/L）到孵化后 60 d 后，雌鱼的 VTG 水平受到显著抑制（Seki et al., 2004）。用 MT 处理罗非鱼（*Oreochromis niloticus*）雌鱼后，肝脏中 *vtg2* 基因的 mRNA 水平和 VTG 水平均下降（Lazier et al., 1996）。斑马鱼幼鱼暴露 100 ng/L、260 ng/L 和 500 ng/L 的 MT 后，体内 VTG 含量显著降低（Örn et al., 2003）。100 ng/L 的 MT 显著降低了绵鳚雌鱼体内的 VTG 水平，但是却使雄鱼 VTG 含量升高（Korsgaard et al., 2006），这和我们的研究结果是一致的。但是，MT（0.2 mg/L 和 2 mg/L）暴露黑头软口鲦雌鱼 21 d 的实验中发现 VTG 的含量是升高的（Ankley et al., 2001）。我们推测，可能由于种间差异造成 VTG/ *vtg* 对 MT 有不同的响应。

3

3.4.3　MT 和 EE2 对稀有鮈鲫性腺类固醇合成相关基因 mRNA 表达的影响

在本研究中，我们分析了 MT 和 EE2 对主要的类固醇合成相关基因转录水平的影响。研究结果表明，EE2（25 ng/L）暴露稀有鮈鲫雄鱼 7 d、14 d 和 21 d 后，类固醇合成相关基因 *StAR*、*cyp11a1*、*cyp17a1* 和 *11β-HSD2* 的 mRNA 表达受到显著影响，而对精巢中 *3β-HSD* 和 *cyp19a1a* 的 mRNA 表达无显著影响。EE2 暴露稀有鮈鲫雌鱼后，卵巢中的基因 *StAR*、*cyp11a1* 和 *cyp17a1* 被抑制的程度明显地高于精巢中的抑制程度，这提示 EE2 对卵巢中类固醇激素的合成影响比在精巢中的影响更大。在稀有鮈鲫卵巢中，EE2 能够显著下调 *cyp19a1a* 的 mRNA 表达，而基因 *11β-HSD2* 在转录水平不受影响。而基因 *3β-HSD* 在精巢和卵巢中的表达都未受到 EE2 的影响。我们在稀有鮈鲫上对于 EE2 的研究结果同前人在黑头软口鰷上对 EE2 的研究结果是一致的（Filby et al.，2007），同时，我们发现稀有鮈鲫比其他水生生物毒性试验材料对环境激素更为敏感。在对虹鳟（*Oncorhynchus mykiss*）暴露 EE2 的研究中发现，EE2 同样地抑制了虹鳟精巢中 4 个类固醇合成相关基因 *cyp11a1*、*cyp17a1*、*3β-HSD* 和 *11β-HSD2* 在转录水平的表达（Baron et al.，2005）。稀有鮈鲫雌鱼暴露 7 d、14 d 和 21 d 的时候，卵巢中的基因 *StAR*、*cyp11a1*、*cyp17a1* 和 *cyp19a1a* 均被 EE2 显著抑制，这些被显著抑制的基因都是合成雌激素的重要酶类基因。例如 StAR 和 CYP11A1 是类固醇合成途径中早期的控制酶类，而芳香化酶 CYP19A1 是鱼体内雄激素转化成雌激素最后一步的关键酶类（Callard et al.，2001）。这些类固醇合成相关基因被 EE2 抑制的直接结果就是雌激素在体内合成速度迅速降低，这和 EE2（15～100 ng/L）暴露斑马鱼 2 d 和 7 d 后体内天然雌激素雌二醇（E2）的减少是一致的（Hoffmann et al.，2006）。这些精巢和卵巢中的类固醇合成相关基因在转录水平对于外源激素的反应是由转录调控因子表达的改变导致的，比如 SF-1。在黑头软口鰷的研究中，EE2 暴露 21 d 的时候，SF-1 的 mRNA 表达量在雌雄鱼中均被显著抑制（Filby et al.，2007）。

本研究中，稀有鮈鲫雌鱼暴露 MT 后，卵巢中多数类固醇合成相关基因的 mRNA 表达被抑制。不同浓度 MT（25 ～ 100 ng/L）经过 7 d、14 d 和 21 d 暴露后，均显著抑制卵巢 cyp17a1 的 mRNA 表达。50 ng/L 的 MT 暴露 7 d 及 100 ng/L 的 MT 暴露 7 d 和 14 d 后，卵巢 StAR 的表达均受到显著抑制。25 ng/L 和 100 ng/L 的 MT 暴露 7 d 和 25 ～ 100 ng/L 的 MT 暴露 14 d 后，卵巢 cyp11a1 的表达均受到显著抑制。100 ng/L MT 暴露 7 d 和 14 d 后，卵巢中 3β-HSD 的 mRNA 表达同样被显著抑制。MT 对类固醇合成相关基因转录水平的抑制作用在其他鱼上也有报道，比如虹鳟（Govoroun et al., 2001a; Baron et al., 2008），尼罗罗非鱼（Bhandari et al., 2006）等。在哺乳动物的研究上，基因 StAR、cyp11a1、cyp17a1 和 3β-HSD 的表达也是被雄激素抑制的（Burgos-Trinidad et al., 1997; Zhou et al., 2005）。有研究表明类固醇合成相关基因是受到调控因子调控的，SF-1 是一种类固醇合成的调控因子，在哺乳动物体内，SF-1 可以激活基因 StAR（Sugawara et al., 1996）、cyp11a1（Hu et al., 2001）、cyp17a1（Parker and Schimmer, 2002）、3β-HSD（Leers-Sucheta et al., 1997）和 cyp19a1a（Lynch et al., 1993）的转录，使这些基因的表达升高。在虹鳟雌鱼的研究中，用一种雄激素 11β 羟雄（甾）烯二酮暴露虹鳟 3 个月，结果转录调控因子 SF-1 在卵巢中的表达被显著抑制（Baron et al., 2008）。在本研究中，延长 MT（25 ～ 100 ng/L）的暴露时间至 21 d，卵巢中 StAR 和 cyp19a1a 的 mRNA 水平显著升高，这两个基因是鱼类性腺中类固醇激素合成最为关键的酶类基因。这种表达量的升高可能抵消了卵巢中类固醇合成途径被别的基因所抑制的环节。除此之外，MT 暴露 21 d 后基因 cyp19a1a 表达的升高也可能有利于 MT 转化成甲雌二醇 ME2，因为这种转化是要靠芳香化酶 CYP19A1 来催化的。在黑头软口鰷雌鱼暴露 MT 的研究中发现，MT 是可以被转化成 ME2 然后产生雌激素效应的（Hornung et al., 2004）。

在本研究中，我们的实验结果表明，MT 处理稀有鮈鲫雄鱼 7 d 后，可以抑制精巢中类固醇合成相关基因的 mRNA 表达，随着处理时间的延长，一些类固醇合成相关基因的 mRNA 表达受抑制的幅度降低，甚至出现基因表达量升高的现象。例如 25 ～ 100 ng/L 的 MT 处理稀有鮈鲫 7 d，基因 StAR

在精巢中的表达被显著抑制，然而，高浓度的 MT（100 ng/L）却在延长暴露时间（14 d 和 21 d）后，才会降低精巢中 *StAR* 的表达。对于 *cyp17a1* 而言，100 ng/L 的 MT 暴露 7 d 后，表达同样被显著抑制，但是在暴露时间延长至 14 d 后，50 ng/L 和 100 ng/L 的 MT 却使 *cyp17a1* 的表达显著升高。同 *cyp17a1* 的表达模式类似，精巢中的基因 *11β-HSD2* 的表达也是在 MT 浓度为 25 ～ 100 ng/L 暴露 7 d 后被抑制，而在延长暴露时间至 14 d 和 21 d 后，*11β-HSD2* 的 mRNA 表达却升高了。MT 暴露稀有鮈鲫后类固醇合成相关基因 mRNA 表达变化趋势，和虹鳟暴露于另一种雄激素 11β 羟雄（甾）烯二酮（11β OH Δ4）后，类固醇合成相关基因的表达变化趋势基本类似（Baron et al.，2005）。*cyp17a1* 的表达在短时间（4 ～ 10 d）暴露于 11β OH Δ4 后被抑制，而在延长暴露时间（16 d）后，基因 *cyp17a1* 在转录水平的表达反而升高。类固醇合成相关基因在转录水平对雄激素 MT 的反应可能是受到脑垂体性腺（HPG–axis）轴上的调控因子调节的。比如，雄性大鼠在暴露睾酮 2 个月后，类固醇合成相关基因 *StAR*、*cyp11* 和 *cyp17* 的表达在转录水平被显著抑制，与此同时，LH 的表达也被显著抑制，MT 可能通过 LH–LHR–cAMP 信号通路调节雄激素的合成（Kostic et al.，2011）。本研究中，稀有鮈鲫雄鱼暴露于不同浓度的 MT 后，精巢中的基因 *cyp19a1a* 在转录水平几乎都不受影响，这个现象和前人用 MT 暴露斑马鱼的研究结果是统一的（Andersen et al.，2006）。

综上所述，MT 处理稀有鮈鲫成鱼会使精巢和卵巢的发育产生异常，并且这种异常和 EE2 处理之后精巢和卵巢的异常现象类似。稀有鮈鲫肝脏 *vtg2* 基因，作为一个敏感的生物标志物，在雄鱼肝脏中受 MT 的影响比在雌鱼肝脏中受 MT 的影响小很多，因此，在稀有鮈鲫中 MT 是否有雌激素效应无法确定，虽然前人的研究已经表明，MT 在黑头软口鲦有雌激素效应。稀有鮈鲫类固醇合成相关基因 *StAR*、*cyp17a1* 和 *cyp11a1* 在转录水平表现出了对 MT 的极度敏感。除此之外，MT 和 EE2 处理稀有鮈鲫实验证明，类固醇合成相关基因对 MT 和 EE2 的反应是不同的，表面上看，MT 和 EE2 对稀有鮈鲫的性腺发育的影响作用类似，但是，类固醇合成相关酶类及其基因 mRNA 表达模式是不一样的，MT 和 EE2 在体内的作用机制是大不相同的。外源雌激素和外源雄激素对野生生物和人类具有潜在的危害，但是这种危害的机制还不是很明确，由于我们只研究了类固醇合成相关基因在转录水平的变化情况，这种外源激素的作用机理过于复杂，我们的后续工作将扩大研究对象和研究范围，例如在转录调控、核受体信号通路、表观遗传、体内激素水平测定和 LH-LHR-cAMP 通路上进行深入研究和讨论。

3.5　小结

MT 对稀有鮈鲫性腺产生严重的抑制作用，对卵巢的抑制作用更加明显；EE2 显著抑制了精巢和卵巢的发育，MT 和 EE2 均阻碍了精子和卵细胞的成熟。MT 和 EE2 对性腺发育的影响趋势类似。

EE2 使雌雄鱼肝脏 *vtg2* 基因的 mRNA 表达均显著升高，雄鱼肝脏 *vtg2* 基因的 mRNA 表达上调的幅度远高于雌鱼。MT 抑制雌鱼肝脏 *vtg2* 基因的 mRNA 表达。不同浓度的 MT 使雄鱼肝脏 *vtg2* 基因的 mRNA 表达均升高，延长雄鱼暴露 MT 的时间至 21 d，雄鱼肝脏 *vtg2* 基因的 mRNA 表达被抑制，并且低浓度 MT 抑制作用更大，高浓度的 MT 抑制作用不显著。*StAR*、*cyp17a1* 和 *cyp11a1* 对 MT 较为敏感，可以作为快速检测水体中 MT 的生物标志物。

MT 和 EE2 对稀有鮈鲫类固醇合成相关酶类及其基因 mRNA 表达作用模式不同，MT 和 EE2 在体内的作用机制是大不相同的，MT 在体内的作用机制过于复杂，还需要进一步研究。

4　17α－甲基睾酮对稀有鮈鲫体内激素水平的影响

　　鱼类性腺发育成熟是促性腺激素缓慢而稳定增加的结果，无论外源还是内源的促性腺激素都有促进生殖细胞发育成熟的作用，主要是通过性激素来实现的。在雌鱼的卵黄形成期，垂体分泌的促性腺激素作用于卵巢滤泡，在滤泡膜细胞层合成雄烯二酮，雄烯二酮再转化为可芳香化的雄激素，尤其是睾酮（T）；睾酮扩散到滤泡颗粒细胞层，在芳香化酶的作用下转化为雌二醇（E2）从卵巢释放出，雌二醇与体内的刺激素受体 ER 结合形成激素受体复合物，继而发挥生物学作用（Holbech et al., 2001）。

　　在多种硬骨鱼中，雌鱼血液雌二醇含量在卵黄形成阶段明显升高（Hur et al., 2012）。性类固醇激素在鱼类性腺发育成熟过程中起着重要作用，促性腺激素（GtH）促进生殖细胞发育成熟主要是通过性类固醇激素来实现的。前人的研究已经证明，在鱼类中，雌二醇（E2）、睾酮（T）、甲基睾酮（MT）和雄烯二酮（ADSD）对性腺发育存在正反馈调节作用，可作用于脑和垂体从而促进促性腺激素的合成和分泌，诱导性腺发育（Ijiri et al., 1995；Hur et al., 2012）。为了更进一步探究 MT 在稀有鮈鲫体内的作用机理，本章采用 ELISA 方法检测暴露 MT 后鱼体内卵黄蛋白原、雌二醇、睾酮和 11-酮基睾酮的含量。

4.1 实验材料

4.1.1 实验动物

184 日龄的稀有鮈鲫成鱼购自中国科学院水生生物研究所（武汉），在实验室暂养 2 周后进行暴露实验。

4.1.2 实验试剂

17α-甲基睾酮（MT，纯度 99%），E2、T 和 11-KT 测定 ELISA 试剂盒（上海恒远生物科技有限公司）等。

0.01 mol 的 PBS（pH=7.4）配制方法如表 4-1 所示。

表 4-1　0.01mol 的 PBS 配制

药品	用量
NaCl	8 g
$Na_2HPO_4 \cdot 12H_2O$	1.44 g
KCl	0.2 g
KH_2PO_4	0.24 g
蒸馏水	1000 mL

其他实验试剂以及实验所需溶液配制参考 2.1.2 和 2.1.4。

4.1.3 实验仪器

酶标仪（Infinite M200 PRO）、玻璃匀浆器、96 孔酶标板等。其他实验仪器参考 2.1.3。

4.2 实验方法

4.2.1 MT 暴露稀有鮈鲫

稀有鮈鲫成鱼在实验室暂养 2 周后进行暴露实验，处理组为 100 ng/L 的

MT，MT 按 0.001%（v/v）的浓度溶解在二甲基亚砜（DMSO）中，对照组为 0.001%（v/v）DMSO 水溶液。实验组和对照组雌雄鱼分开暴露，每组 10 尾鱼。每天定时饲喂定量的红虫。实验组和对照组的两个鱼缸中水的体积均为 20 L，本实验采用半静水暴露的方法（Liu et al.，2012），每天定时更换一半体积的水并吸去缸底的残饵和粪便，同时加入相应量的 MT。处理时间为 7d，光照周期为 14 h : 10 h（明 / 暗），水温控制在 25℃ ± 2 ℃。

4.2.2 样品采集

MT 处理组和对照组的鱼 7 d 暴露实验结束后，选取雌雄各 10 尾称重，并且立即解剖，观察性腺以分辨雌雄，然后经过液氮冷冻后储存在 –80℃冰箱中备用。

4.2.3 全鱼匀浆液的准备

储存在 –80℃冰箱的全鱼融化后仍然保持 2 ～ 8℃的温度（置于冰上）。加入一定量的 PBS（pH=7.4），用事先高压灭菌的玻璃匀浆管将全鱼研磨成匀浆液，转移至离心 20 min（2000 ～ 3000 r /min），收集上清液，分装一份待检测，其余冷冻备用。

4.2.4 蛋白定量

准备好的上清液用生理盐水按 1 : 9 稀释成 1% 的组织匀浆。用南京建成生物研究所的 96 孔板，每孔加入 250 μL 工作液，待测孔加入 10 μL 待测液，标准空加入 10 μL 563 μg/mL 蛋白标准品，空白孔加入 10 μL 双蒸水。混匀，37℃孵育 30 min，于 562 nm 波长下酶标仪（Infinite M200 PRO）比色。

计算公式：蛋白浓度（μg/mL）=（测定 OD 值 – 空白 OD 值）/（标准 OD 值 – 空白 OD 值）× 标准品浓度 × 样品测试前稀释倍数。

4.2.5 标准曲线的制作

用试剂盒中的标准品进行标准曲线的制备，采用优化的 ELISA 参数进行测定，标准品按比例稀释成系列浓度后包被酶标板，分别设置 3 个重复。

4.2.6 间接酶联免疫（ELISA）方法测定全鱼 E2、T 和 11–KT 含量

测定方法参考 E2、T 和 11–KT 的 ELISA 试剂盒说明书（附录 14 ～ 16）。为了实验数据更加可信，我们先做了匀浆液的蛋白定量实验，所以最终结果是以每克蛋白含有 E2、T 和 11–KT 的量表示的。

4.2.7 数据分析

以标准物的浓度为横坐标，OD 值为纵坐标，在坐标纸上绘出标准曲线，根据样品的 OD 值由标准曲线查出相应的浓度；再乘以稀释倍数；或用标准物的浓度与 OD 值计算出标准曲线的直线回归方程式，将样品的 OD 值代入方程式，计算出样品浓度，再乘以稀释倍数，即为样品的实际浓度。本研究先做了蛋白定量，因此还需要用样品浓度除去蛋白的量，最终以每克蛋白含有的激素表示（ng/g）。Student's T 检验进行显著性分析。$P < 0.05$ 表明差异显著，用 1 个星号（*）表示；$P < 0.01$ 表明差异极显著，用 2 个星号（**）表示。

4.3 实验结果

4.3.1 ELISA 标准曲线

本实验用鱼 ELISA 试剂盒检测稀有鮈鲫体内激素含量，测定之前，我们用试剂盒里的标准品做了标准曲线，结果见图 4–1A 至 C，相关系数 R^2 均大于 0.99，表明可以继续后续实验。

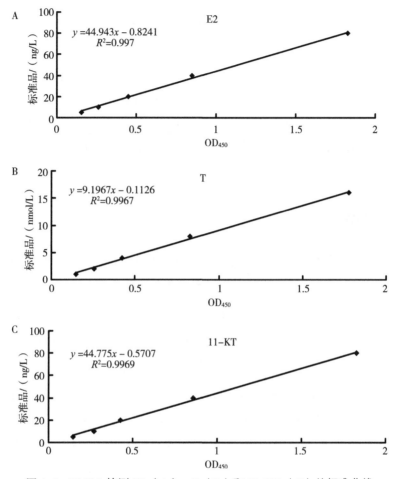

图 4-1 ELISA 检测 E2（A）、T（B）和 11-KT（C）的标准曲线

4.3.2 MT 对稀有鮈鲫体内激素含量的影响

MT 暴露稀有鮈鲫雌雄鱼 7 d，与对照组相比，雌鱼体内的 E2、T 和 11-KT 含量显著升高，而雄鱼体内的 E2、T 和 11-KT 含量显著降低（表 4-2）。

表 4-2　稀有鮈鲫处理组和对照组 VTG 和激素含量

性别	组别	E2/（ng/g）	T/（ng/g）	11-KT/（ng/g）
雌鱼	对照组	1.161±0.045	44.707±0.005	0.875±0.019
	MT 处理组	1.356±0.026** ↑	54.802±0.007** ↑	1.060±0.034** ↑
雄鱼	对照组	0.846±0.032	74.992±0.008	1.183±0.037
	MT 处理组	0.691±0.015** ↓	60.282±0.003** ↓	0.919±0.012** ↓

注：数据标明↑的表示激素水平升高；↓表示激素水平降低；** 表示处理组和对照组相比有显著差异（$P < 0.01$）。表中的数字代表每克蛋白中含有激素的量。

4.4　讨论

性激素在鱼类性腺分化、性腺发育和生殖等方面具有重要的作用（Rougeot et al.，2007；Lubzens et al.，2010）。鱼类血清中性激素的定量测定方法有多种，酶联免疫吸附法（ELISA）因其具有特异性强、灵敏度高、操作方便、快速等优点而被广泛应用。本研究结果显示，MT 暴露显著提高雌鱼体内雌二醇的水平，Kortner 等（2009）的研究结果显示，雄激素饲喂大西洋鳕鱼后，雌二醇水平显著升高，而睾酮和 11- 酮基睾酮的水平没有发生显著变化，仅仅有升高的趋势而已，这与我们的研究结果也是基本一致的。前人研究表明，斑马鱼雌鱼体内雌二醇的升高，会抑制卵巢的发育（Liu et al.，2010）。结合组织表达的结果，我们发现稀有鮈鲫雌鱼体内雌二醇含量的升高，同样会抑制卵巢的发育。另外，前人的研究证明，MT 可以少量地结合到雌激素受体 ER 上，然后行使雌激素功能，使得雌鱼体内的雌二醇升高（Hornung et al.，2004；Frye et al.，2008）。MT 暴露稀有鮈鲫雌鱼 7 d 后，体内的睾酮和 11- 酮基睾酮的水平显著升高，前人的研究表明雄激素可以使鱼体内的促性腺激素和促性腺释放激素的转录水平升高（Hur et al.，2012），因此，我们推测，MT 可以通过影响促性腺激素和促性腺释放激素的转录而使稀有鮈鲫雌鱼体内的睾酮和 11- 酮基睾酮含量升高。

MT 暴露雄鱼 7 d 后，体内的 E2、T 和 11-KT 的水平显著降低，前人的研究表明，雄激素暴露的雄鱼体内 E2 水平之所以降低，可能是由于 MT 抑

制了下丘脑 – 垂体 – 性腺轴 HPG 反馈调节作用，进而抑制体内 E2 的水平
（Martyniuk et al., 2012）。Zhu 等（2014）的研究表明，稀有鮈鲫体内雌二醇
含量降低，会抑制雄鱼精子发生。结果显示，100 ng/L 的 MT 暴露稀有鮈鲫
7 d 后，精巢中类固醇合成相关的基因 *StAR*、*cyp11a1*、*3β-HSD*、*cyp17a1* 和
11β-HSD2 的转录水平均显著降低，这说明类固醇激素的合成过程受到 MT
的影响，因此，雄鱼体内的睾酮和 11– 酮基睾酮水平显著降低。

　　总之，MT 在雌雄鱼体内的作用途径是不同的，雌鱼体内的 E2、T 和
11-KT 之所以升高，是由于 MT 被芳香化酶催化成了 ME2，ME2 行使了雌激
素的作用，因此体内原有的 E2 含量比正常值高了，我们推测，如果延长暴露
时间，E2 水平在鱼体自身调节的作用下会趋于正常值，因为机体都有自我调
节的功能。雌鱼暴露于 MT 下，T 和 11-KT 含量之所以升高，是由于 MT 可
以结合体内的雄激素受体 AR，行使雄激素功能，因此体内的 T 和 11-KT 含
量升高。

　　MT 暴露稀有鮈鲫雄鱼 7 d 后，体内睾酮、11– 酮基睾酮和雌二醇含量显
著下降，可能是由于 MT 与雄激素受体 AR 结合，发挥雄激素作用，而机体
通过反馈调节，内源性的雄激素睾酮和 11-KT 合成减少，进而减少了睾酮向
雌二醇的转化。

5 高通量测序分析 MT 对稀有鮈鲫性腺转录组的影响

数字基因表达谱测序（Digital Gene Expression Profiling，DGE）是利用新一代高通量测序技术和高性能计算分析技术，把在特定时间或特定的条件下，特定组织或细胞内所有的基因表达情况一次性地进行序列捕捉并对得到的数据进行生物信息学分析，全面快速地检测某一物种特定组织在特定状态下的基因表达情况。数字基因表达谱是人们理解复杂生命现象的有效途径，被广泛应用于基础科学研究、医学研究和药物研发等领域。

本研究利用 DGE 技术，研究了稀有鮈鲫性腺在暴露 MT 和正常状态下转录情况的差异，旨在从转录水平探究 MT 对稀有鮈鲫的影响及 MT 在鱼体内的作用机理。此外，本实验也将为更进一步研究雄激素在生物体内的作用机理提供可靠的理论依据。

5.1 实验材料

5.1.1 稀有鮈鲫

184 日龄稀有鮈鲫成鱼，从中国科学院水生生物研究所（武汉）购买。

5.1.2 实验试剂

实验试剂详见附录 1。

5.1.3　实验仪器

NanoDrop 2000/2000 c 微量紫外分光光度计（Thermo），安捷伦 2100 生物分析仪（Agilent 2100 bioanalyzer），Qubit® 2.0 荧光计 –Life Tech（Invitrogen），HiSeq2500/2000（Illumina，北京诺禾致源生物信息科技有限公司提供测序服务）等，其他实验仪器见附录 2。

5.1.4　实验溶剂及配制

实验溶剂及配制方法见附录 3。

5.2　实验方法

5.2.1　MT 暴露稀有鮈鲫

稀有鮈鲫成鱼在本实验室暂养 2 周后进行暴露实验，处理组为 100 ng/L 的 MT，MT 按 0.001%（v/v）的浓度溶解在 DMSO 中，对照组为 0.001%（v/v）DMSO 溶液。实验组和对照组雌雄鱼分开暴露，每组 6 尾鱼，设置 2 个重复实验。每天定时饲喂定量的红虫。实验组和对照组的 8 个鱼缸中水的体积均为 20 L，本实验采用半静水暴露的方法（Liu et al.，2012），每天定时更换一半体积的水及相应的暴露物质。处理时间为 7 d，光照周期为 14 h∶10 h（明 / 暗），水温控制在 25 ℃± 2 ℃。

5.2.2　总 RNA 的提取

解剖处理 7 d 的 MT 组和对照组的稀有鮈鲫，取出性腺，放入事先准备好的装有 Trizol 的 1.5 mL 的离心管里，立即研磨，用 Trizol 一步法进行性腺总 RNA 的提取，详细步骤同 2.2.1。

5.2.3　总 RNA 质量检测

5.2.3.1　琼脂糖凝胶电泳分析 RNA 降解程度以及是否有污染

为了保证我们提取的 RNA 质量，在测序之前我们要进行一系列的总

RNA 质量检测，首先利用质量浓度 1% 的琼脂糖凝胶电泳分析 RNA 降解程度及是否有污染，具体操作步骤和方法同 2.2.1。

5.2.3.2 Nanodrop、Qubit 和 Agilent 2100 分别检测 RNA 的纯度、精确定量和完整性

Nanodrop、Qubit 和 Agilent 2100 检测均由北京诺禾致源生物信息科技有限公司提供。

5.2.4 稀有鮈鲫性腺 cDNA 文库的构建、检测及测序

我们同时构建了 8 个 DGE 文库，分别为 2 个对照组雌鱼卵巢文库（Ovary con 1 和 Ovary con 2），2 个对照组雄鱼精巢文库（Testis MT 1 和 Testis MT 2），2 个 MT 处理组雌鱼卵巢文库（Ovary MT 1 和 Ovary MT 2），以及 2 个 MT 处理组雄鱼精巢文库（Testis con 1 和 Testis con 2）（图 5–1）。简而言之，样品检测合格后，用带有 Oligo（dT）的磁珠富集 mRNA。随后加入 Fragmentation Buffer 将 mRNA 打断成短片段，以 mRNA 为模板，用六碱基随机引物（Random Hexamers）合成一链 cDNA，然后加入缓冲液、dNTPs 和 DNA polymerase Ⅰ合成二链 cDNA，随后利用 AMPure XP beads 纯化双链 cDNA。纯化的双链 cDNA 再进行末端修复、加 A 尾并连接测序接头，然后用 AMPure XP beads 进行片段大小选择，最后进行 PCR 富集得到最终的 cDNA 文库。文库构建完成后，先使用 Qubit 2.0 进行初步定量，稀释文库至 1 ng/μL，随后使用 Agilent 2100 对文库的插入片段大小进行检测，插入片段大小符合预期后，使用实时荧光定量 PCR（qTR–PCR）方法对文库的有效浓度进行准确定量（文库

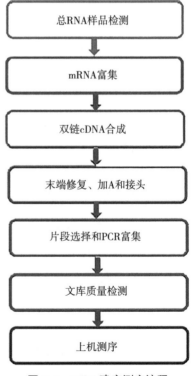

图 5–1 DGE 建库测序流程

有效浓度 > 2 nM），以保证文库质量。库检合格后，把不同文库按照有效浓度及目标下机数据量的需求合并后进行 HiSeq 测序。

5.2.5 数据分析

我们根据得到的稀有鮈鲫 8 个高通量测序的原始测序序列（Sequenced Reads），按图 5-2 的流程进行生物信息学分析。

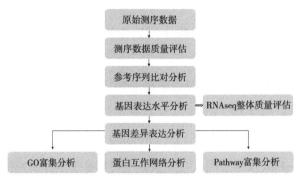

图 5-2 原始测序序列生物信息学分析流程

我们选取稀有鮈鲫 Unigene 作为参考序列，将每个样品的 Clean reads（过滤后的测序数据）对参考序列做映射。该过程使用 RSEM（Li et al.，2001）。该软件底层调用 Bowtie V 0.12.9（Langmead et al.，2009）进行比对，其中错配 mismatch 设为 2，其余均为默认参数。

5.2.5.1 原始序列比对分析

至今为止，稀有鮈鲫未进行全基因组测序，所以高通量测序结果参考的数据都来自 NCBI（http：//www.ncbi.nlm.nih.gov）上已有的稀有鮈鲫序列和本实验室之前的 454 测序结果。

5.2.5.2 差异基因筛选与注释

基因丰度是一个基因表达水平的直接体现，转录本的丰度越高，基因表达水平就越高。本研究使用 RSEM 对比对结果进行统计，进一步得到每个样品比对到每个基因上的数目。RPKM（Reads Per Kilo bases per Million reads）是每百万 reads 中来自某一基因每千碱基长度的 reads 数目。RPKM 同时考虑了测序深度和基因长度对 reads 计数的影响，是目前最为常用的基因表达水平估算方法（Mortazavi et al.，2008）。

经过比对分析后得到的 Clean reads 是只带有编号的序列，为了后续研究，需要根据功能对其进行注释，基因功能注释所用到的数据库如下。

（1）NR 是 NCBI 官方的蛋白序列数据库，它包括了 GenBank 基因的蛋白编码序列、PDB 蛋白数据库、SwissProt 蛋白序列及来自 PIR 和 PRF 等数据库的蛋白序列。

（2）NR 是 NCBI 官方的核酸序列数据库，包括了 GenBank、EMBL 和 DDBJ 的核酸序列。

（3）KOG/COG。这两个注释系统都是 NCBI 中基于基因直系同源关系的，其中 COG 针对原核生物，KOG 针对真核生物。COG/KOG 结合进化关系将来自不同物种的同源基因分为不同的 Ortholog 簇。

（4）Swiss-Prot 搜集了经过有经验的生物学家整理及研究的蛋白序列。

本实验的数据与 NR、NT、SwissProt 和 KOG 数据库进行比对，对于 NR、NT 和 SwissProt 数据库比对的 e-value 设置的阈值为 1e-5，每条 Unigene 展示前 10 名的比对结果，KOG 比对 e-value 阈值为 1e-3。

5.2.5.3　GO 功能显著性富集与分析

筛选差异基因后，研究差异基因在 Gene Ontology（GO）中的分布状况将阐明实验中样本差异在基因功能上的体现。GO 是一个国际标准化的基因功能分类体系，提供了一套动态更新的标准词汇表来全面描述生物体中基因和基因产物的属性。GO 总共有 3 个本体，分别描述基因的分子功能、所处的细胞位置和参与的生物过程。GO 的基本单位是词条（Term），每个词条都对应一个属性。利用 GO 方便对一个基因或基因产物进行功能注释。一个基因或基因产物被注释到某一个 GO 的节点，代表这个基因或基因产物具有该功能。

GO 功能显著性富集分析首先把所有差异表达基因向 GO 数据库的各词条映射，计算每个词条的基因数目，然后应用超几何检验，找出与整个基因组背景相比，在差异表达基因中显著富集的 GO 条目，其计算公式为：

$$p=1-\sum_{i=0}^{m-1}\frac{\binom{M}{i}\binom{N-M}{n-i}}{\binom{N}{n}}$$

式中，N 为基因组中具有 GO 注释的基因数目；n 为 N 中差异表达基因的数目；M 为基因组中注释为某特定 GO 词条的基因数目；m 为注释为某特定 GO 词条的差异表达基因数目。计算得到的 P 值通过 Bonferroni 校正之后，以校正 $P \leq 0.05$ 为阈值，满足此条件的 GO 词条定义为在差异表达基因中显著富集的 GO 词条。通过 GO 功能显著性富集分析能确定差异表达基因行使的主要生物学功能。

5.2.5.4 KEGG 通路显著性富集与分析

在生物体内，不同基因相互协调行使其生物学功能，KEGG 通路显著性富集能更进一步了解基因的生物学功能。KEGG 是有关通路的主要的公共数据库（Kanehisa et al.，2008），主要包括代谢途径和调节途径两部分内容。该分析的计算公式和 GO 功能显著性富集分析相同，N 为芯片中具有通路注释的基因数目；n 为 N 中差异表达基因的数目；M 为芯片中注释为某特定通路的基因数目；m 为注释为某特定通路的差异表达基因数目。FDR ≤ 0.05 的通路定义为在差异表达基因中显著富集的通路。

5.2.5.5 实验重复性分析

生物学重复是任何生物学实验所必须的，高通量测序技术也不例外，通过皮尔逊相关性分析，对两次平行实验的结果相关性分析可获得对实验结果可靠性和操作稳定性的评估。只有当皮尔逊相关系数的平方 $R^2 > 0.8$ 时，方可进行后续分析，否则就要对样品进行合理的解释，或者重新进行实验。

5.2.5.6 qRT-PCR 验证

新兴的高通量测序结果需要采用传统研究技术进行验证，以证实高通量测序方法用于分析基因转录水平的可靠性。根据第四章的筛选结果，本实验选择基因 *β-actin* 为内参基因，采用了 qRT-PCR 方法对稀有鮈鲫暴露 MT 之后性腺基因的 mRNA 水平进行验证。这些基因包括以前实验中克隆的 *StAR* 和 *cyp19a1a* 以及本次高通量测序结果中选取的几个差异基因 *CDC45*、*RAF*、*ING4*、*PRMT6*、

MHC1、*MDH1*、*ZP3* 和 *CYP27A1*，设计 qRT-PCR 引物。qRT-PCR 与高通量测序所用模板为同一批 cDNA。qRT-PCR 体系及程序同 2.2.3.3。qRT-PCR 引物序列见表 5-1。

表 5-1　实时定量 PCR 引物

引物名称	扩增基因	引物序列 5′—3′	引物长度 /bp
CDC45-QF	*CDC45*	CCATTTACTGGAGGGAACACC	138
CDC45-QR		GCCATTATCAACGGCAGTATCTT	
RAF-QF	*RAF*	CTAATCAAAGCCCGACCGAG	224
RAF-QR		CTTCACAGCAACATCCCCGT	
ING4-QF	*ING4*	CCACCTATTGCCTCTGCCA	164
ING4-QR		TCATTTTTCTTCCGCTCCTG	
PRMT6-QF	*PRMT6*	CGAGTTGGATTTGAACACGGT	172
PRMT6-QR		CTCTGGTTTGAATGGGGACG	
MHC1-QF	*MHC1*	CAGCACTCAGGGACACTATCAG	335
MHC1-QR		CTTTGTTTTTCTGCCAGGTCA	
MDH1-QF	*MDH1*	GAACCCAGCCAACACCAACT	254
MDH1-QR		CATTCACGGCGTCAAAAGC	
ZP3-QF	*ZP3*	GTGCCTCTGCGTGTGTTTG	158
ZP3-QR		TTGTCAACCTGGGACCGAG	
CYP27A1-QF	*cyp 27a1*	TGTGTTGGGAAGAGGGTAGC	134
CYP27A1-QR		TTGGAGGGAATGAGCAGTGT	
cyp19a1a-QF	*cyp19a1a*	CAGTGTGTTTTGGAGATGGT	164
cyp19a1a-QR		CTGGACAGATGTGAGTGCTT	
StAR-QF	*StAR*	CCACATCCGAAGAAGAAGC	130
StAR-QR		CTGGTTACTGAGGATGCTGAT	

5.3　实验结果

5.3.1　性腺总 RNA 质量检测

本实验 RNA 提取成功后要进行 RNA 质量检测，首先用质量浓度 1% 的琼脂糖凝胶电泳检测 RNA，我们的检测结果如图 5-3 所示，可见总 RNA 的 28S 和 18S 条带清晰，28S 条带最亮，而 5S 条带亮度最弱，表明总 RNA 完整性较好。紫外分光光度计测得总 RNA A_{260}/A_{280} 在 1.95 ～ 2.05 范围内，A_{260}/A_{230} 在 2.0 左右，结果表明所提取的总 RNA 较少受到污染，纯度符合要求。Agilent 2100 检测结果见表 5-2 和图 5-4。

表 5-2　样品总 RNA 的质量检测结果

项目	雌性（对照）	雄性（对照）	雌性（处理）	雄性（处理）
RNA Area	300.4	176.4	333.1	141.9
RNA Concentration（ng/µL）	150	82	249	88
rRNA Ration（28S/18S）	1.7	0.9	1.5	1.0
RNA Integrity Number（RIN）	9.5	8.2	8.5	8.4

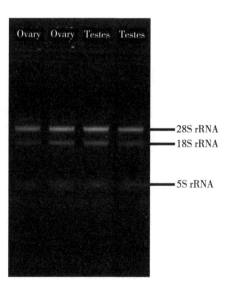

图 5-3　样品总 RNA 的琼脂糖凝胶电泳图

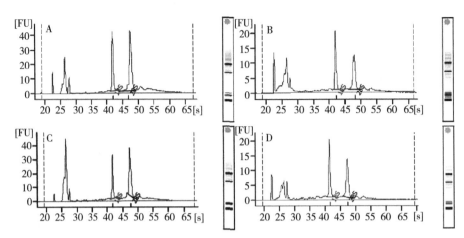

A. 雌鱼对照组；B. 雄鱼对照组；C. 雌鱼 100 ng/L MT 处理组； D. 雄鱼 100 ng/L MT 处理组。

图 5-4　样品总 RNA 质量检测结果

5.3.2　性腺基因表达谱数据

　　本研究共构建了 8 个 DGE 文库，分别为 2 个对照组雌鱼卵巢文库（Ovary con1 和 Ovary con2），2 个对照组雄鱼精巢文库（Testis con1 和 Testis con2），2 个 MT 处理组雌鱼卵巢文库（Ovary MT1 和 Ovary MT2），以及 2 个 MT 处理组雄鱼精巢文库（Testis MT1 和 Testis MT2）。本实验中共得到 7.08 兆～ 10.07 兆的 raw reads（表 5-3）。去除带接头的 reads、N 的比例大于 10% 的 reads 和低质量 reads 后，共得到 7.03 兆～ 9.99 兆 clean reads（表 5-3）。我们把 8 个 DGE 文库中的 clean reads 对 454 测序获得的稀有鮈鲫转录组参考数据库、NCBI 数据库和 Illunima HiSeq 测序获得的转录本进行映射（Mapping），结果有 6.51 兆～ 9.16 兆 clean reads 能映射到 Unigene 参考数据库（表 5-3）。

表 5-3　8 个 DGE 文库测序结果统计

样本	Raw reads	Clean reads	Clean bases /G	Reads mapped to unigenes	Mapped rate /%
Ovary con 1	8363359	8282697	0.83	7020421	84.76
Ovary con 2	8647013	8532479	0.85	7298223	85.53
Ovary MT 1	7955699	7888884	0.79	6722471	84.21
Ovary MT 2	8551038	8481462	0.85	6966291	82.14
Testis con 1	8033975	7970472	0.80	7308777	91.70
Testis con 2	10072817	9994416	1.00	9155796	91.61
Testis MT 1	7083756	7027435	0.70	6507743	92.60
Testis MT 2	7942853	7882603	0.79	7379755	93.62

注：Raw reads 表示统计原始数据；Clean reads 表示过滤后的测序数据；Clean bases 表示测序序列的个数乘以测序序列的长度；Reads mapped to unigenes 表示可以映射到参考数据库的序列数；Mapped rate 表示映射比例。

5.3.3　DGE 序列分布规律

RPKM 值反映了相应基因的表达量，可根据测序数据分布统计从整体上评估其是否正常。从表 5-4 可以看出，RPKM 在 0 ～ 1 的 reads 数量占总 reads 数比例较高，稀有鮈鲫雌鱼组的比例均在 80% 以上；而雄鱼对照组和处理组中，RPKM 在 0 ～ 1 的 reads 数量占总 reads 数的比例均在 60% 以上。对于雌鱼对照组和处理组而言，RPKM 值在 1 ～ 3 和 3 ～ 15 的比例均为 7% 左右；而雄鱼对照组和处理组而言，RPKM 值在 1 ～ 3 和 3 ～ 15 的比例在 12% ～ 18%。RPKM 值在 15 ～ 60 的雌雄鱼均在 3%。而 RPKM > 60 稀有鮈鲫雌雄鱼的基因只占总数的 1% 左右。

5.3.4　差异基因筛选

通过对 8 个 RNA 池进行高通量测序，并进行差异基因筛选（图 5-5），结果发现，MT 处理 7 d 和对照组稀有鮈鲫雌鱼卵巢中相比有 102 个基因 mRNA 表达显著升高（$P < 0.01$），有 89 个基因在 MT 处理组卵巢中显著被抑制（$P < 0.01$）。在雄鱼组，MT 处理组和对照组相比，有 108 个基因 mRNA 表达显著升高（$P < 0.01$），有 160 个基因 mRNA 表达显著下降（$P < 0.01$）。

为了从总体上研究雌雄鱼暴露 MT 后性腺基因表达谱的变化情况，本研究选用火山图（彩图 5-1）和聚类分析（彩图 5-2）可以推断差异基因的整体分布情况。

表 5-4　不同表达水平区间的基因数量统计

RPKM 区间	Ovary con 1	Ovary con 2	Ovary MT 1	Ovary MT 2	Testis con 1	Testis con 2	Testis MT 1	Testis MT 2
0～1	162126（81.33%）	162397（81.47%）	161292（80.91%）	161796（81.17%）	133903（67.17%）	130915（65.67%）	130809（65.62%）	132867（66.65%）
1～3	13374（6.71%）	13156（6.60%）	13824（6.93%）	13955（7.00%）	32253（16.18%）	34628（17.37%）	33910（17.01%）	33361（16.74%）
3～15	15213（7.63%）	15225（7.64%）	15634（7.84%）	15109（7.58%）	24673（12.38%）	26013（13.05%）	26590（13.34%）	25231（12.66%）
15～60	6627（3.32%）	6567（3.29%）	6654（3.34%）	6391（3.21%）	6742（3.38%）	6219（3.12%）	6545（3.28%）	6436（3.23%）
>60	1998（1.00%）	1993（1.00%）	1934（0.97%）	2087（1.05%）	1767（0.89%）	1563（0.78%）	1484（0.74%）	1443（0.72%）

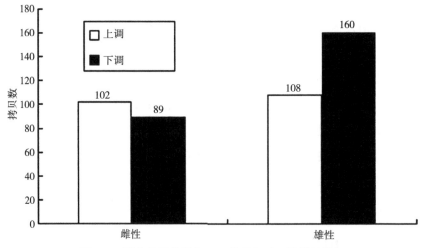

图 5-5　稀有鮈鲫雌雄鱼 MT 处理和对照组差异基因

5.3.5　MT 诱导下性腺差异基因 GO 通路分析

差异基因分析之后进行 GO 富集分析，在本研究中，GO 富集分析用于评价 MT 处理后转录水平具有显著差异基因的潜在功能，将预测和已知的转录本分成 3 组，包括具有分子功能、构成细胞组成和参与生化过程的转录本。如图所示（彩图 5-3），MT 处理后性腺中差异基因进行 GO 富集均不显著。

5.3.6 MT 诱导下性腺差异基因 KEGG 通路分析

根据 KEGG 数据库中的相关信息来进一步分析差异表达基因参与的生化代谢途径和信号转导途径，通路富集分析能够更好地了解特定基因的生物学相关功能，FDR ≤ 0.05（False discovery ratio，FDR）作为确定显著富集的依据。稀有鮈鲫雌鱼卵巢中的 191 个差异表达基因被划分到 78 个代谢及信号传导途径（附录 17），稀有鮈鲫雄鱼精巢中的 269 个差异表达基因被划分到 89 个代谢及信号传导途径（附录 18）。

5.3.6.1 核糖体信号通路

核糖体由核糖体蛋白和核糖体 RNA 组成，MT 暴露 7 d，使编码核糖体蛋白的 mRNA 发生了显著的变化，在雌鱼中，显著上调的基因分别为 40S 核糖体蛋白 S3、60S 核糖体蛋白 L35 和 40S 核糖体蛋白 S17，显著下调的基因有 60S 核糖体蛋白 L13A、60S 核糖体蛋白 LP1、60S 核糖体蛋白 LP2、60S 核糖体蛋白 LP0、60S 核糖体蛋白 L6 和 60S 核糖体蛋白 L29（彩图 5-4）。

稀有鮈鲫雄鱼暴露 MT 7 d，精巢中编码核糖体蛋白的 mRNA 也发生了变化，其中上调的有 40S 核糖体蛋白 S20、40S 核糖体蛋白 S3、40S 核糖体蛋白 S2 和 40S 核糖体蛋白 S30；下调的基因有 60S 核糖体蛋白 L17 和 60S 核糖体蛋白 LA（彩图 5-5）。

5.3.6.2 孕酮介导卵母细胞成熟信号通路

稀有鮈鲫雌鱼暴露雄激素 MT 7 d 后，在孕酮介导卵母细胞成熟信号通路中，显著上调的基因只有胰岛素样生长因子 1 受体基因 *IGF1R*，而显著被抑制的基因有丝氨酸 / 苏氨酸蛋白激酶基因 *Raf*、热休克蛋白基因 *Hsp90* 和细胞周期素 *CyclinB*（图 5-6）。

雄鱼暴露 MT 7 d 以后，在孕酮介导卵母细胞成熟通路中，显著被抑制的基因只有着丝粒相关蛋白基因 *Bub1*（图 5-7）。

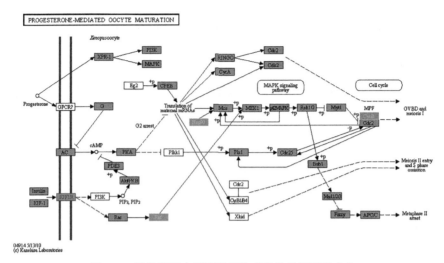

图 5-6　雌鱼孕酮介导卵母细胞成熟信号通路的变化

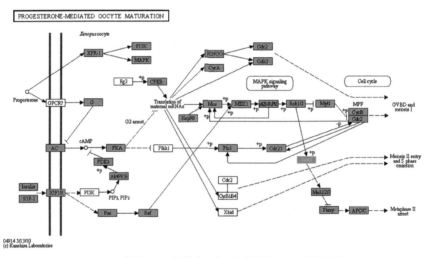

图 5-7　雄鱼孕酮介导卵母细胞成熟信号通路的变化

5.3.6.3　抗原加工与递呈信号通路

动物机体有效的免疫反应依赖于抗原加工与递呈过程，本研究中雌鱼暴露 MT 7 d 后，在抗原加工与递呈通路中有 3 个基因被显著抑制，分别为 Hsp90、CTSB 和 CTSB/L/S（图 5-8）。而在雄鱼中，显著上调的基因有主要组织相容性复合体 MHC1、CD74 抗原 Li、SLIP 和 CLIP；显著下调的基因是组织蛋白酶 CTSB/L/S（图 5-9）。

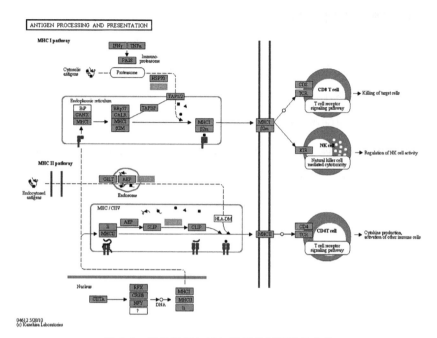

图 5-8 雌鱼抗原加工与递呈信号通路的变化

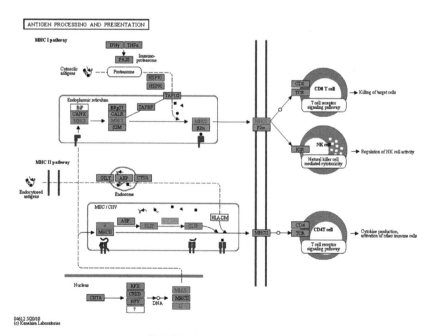

图 5-9 雄鱼抗原加工与递呈信号通路的变化

5.3.6.4 细胞周期信号通路

细胞周期调控是一个精细的生物学过程，涉及了多个基因和蛋白的参与，进而形成了复杂的信号分子网络系统。MT暴露稀有鮈鲫雌鱼7 d后，细胞周期信号通路中有两个基因被显著抑制，分别为编码细胞分裂控制蛋白的基因 *cdc45* 和细胞周期素基因 *cyclinB*。对于雄鱼而言，显著上调的基因是粘连蛋白复合体 Stage1、Stage2，而显著下调的基因包括 *SCF*、*p300* 和 *Bub1*（图 5-10、图 5-11）。

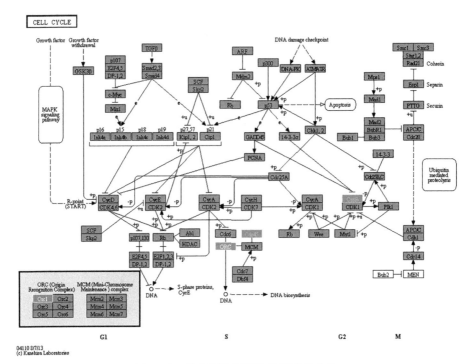

图 5-10　雌鱼细胞周期信号通路的变化

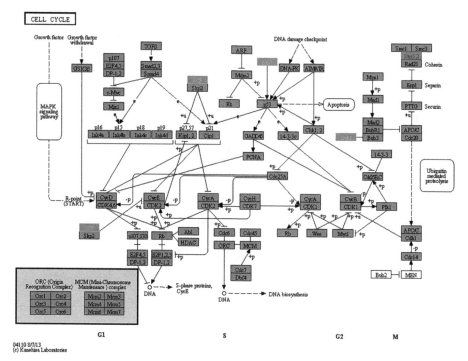

图 5-11　雄鱼细胞周期信号通路的变化

5.3.7　实验重复性分析

为了保证实验数据的可靠性，我们每个组都设置了两个重复实验，通过统计分析，结果表明，每组两个重复实验结果相关系数均大于0.8，属高度相关，说明两个实验结果重复性好（图 5-12）。

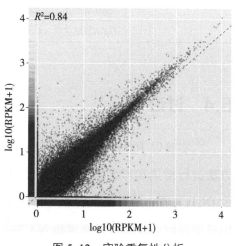

图 5-12　实验重复性分析

5.3.8　qRT-PCR 验证

为了对本研究高通量测序结果进行验证，我们采用 qRT-PCR 对雌雄鱼上调和下调基因进行验证。

结果发现，用 qRT-PCR 测定的 10 个基因相对表达量和用高通量测序的绝对表达量具有相似的趋势（表 5-5）。雌鱼验证的 6 个基因中有两个基因 *ing4* 和 *prmt6* 是显著升高的，基因 *raf1* 和 *cdc45* 在 DGE 和 qRT-PCR 结果中均被 MT 显著抑制，而 *cyp17a1* 和 *11β-HSD2* 基因在本研究中表达均无变化。雄鱼验证的 6 个基因中，基因 *mdh* 和 *mhc1* 是显著升高的，基因 *cyp27a* 和 *zp3* 在 DGE 和 qRT-PCR 结果中均被 MT 显著抑制，而 *cyp17a1* 和 *11β-HSD2* 基因在本研究中表达均无变化。

表 5-5　DGE 与 qRT-PCR 结果比较

DGE 文库	基因	基因 ID	DGE 变化倍数	qRT-PCR 变化倍数
Ovary MT 对比 Ovary con	*ing4*	comp53830_c0_seq2	7.78	3.25*
	prmt6	isotig03866	6.87	2.49*
	raf1	isotig05987	−5.34	−2.35*
	cdc45	isotig22487	−5.72	−2.17*
	cyp17a1	Contig2601	—	—
	11β-HSD2	Contig11119	—	—
Testis MT 对比 Testis con	*mdh*	Contig1232	2.80	2.09*
	mhc1	comp50891_c0_seq1	8.76	13.98*
	cyp27a	Contig12378	−5.61	−2.37*
	zp3	H6WXYFP01ERG1X	−8.77	−5.39*
	cyp17a1	Contig2601	—	—
	11β-HSD2	Contig11119	—	—

5.4　讨论

本实验以 100 ng/L MT 处理的稀有鮈鲫为研究对象，利用高通量测序的方法进行精巢和卵巢基因表达谱的研究，本研究构建了 MT 处理组雌雄各 2 个 DGE 文库，对照组雌雄各 2 个 DGE 文库，通过对这 8 个 DGE 文库的生物信息学分析，分别筛选雌雄鱼 MT 处理组和对照组性腺中的差异基因。通过对 P 值进行校正，排除假阳性的结果，从而保证实验结果的准确性和真实性。

另外，利用 qRT-PCR 对 DGE 测序结果进行了验证，DGE 结果与 qRT-PCR 结果显示基因的表达趋势基本是一致的，从而进一步证明了高通量测序在差异基因表达研究上的准确性和可靠性。对于雌鱼而言，MT 暴露 7 d，与对照组雌鱼性腺中基因表达谱相比，有 191 个差异表达基因被划分到 78 个代谢及信号传导途径，雄鱼精巢中的 269 个差异表达基因被划分到 89 个代谢及信号传导途径。文库中除了这些高表达或者差异表达的基因外，还有一些表达丰度较低的或者处理组和对照组之间没有显著差异的基因可能也有重要的作用。

5.4.1 稀有鮈鲫卵母细胞成熟信号通路中的差异基因

卵母细胞成熟过程非常复杂，是众多基因和蛋白调节的，前人的研究表明，MT 会抑制卵母细胞的成熟（Park et al.，2013）。第四章的结果同样表明 MT 抑制稀有鮈鲫雌鱼卵巢中卵母细胞的成熟。通过数字基因表达谱的分析发现，雌鱼暴露 MT 7 d 以后，孕酮介导的卵母细胞成熟信号通路中基因 *Raf*、*Hsp90* 和 *cyclinB* 同时被显著抑制其 mRNA 表达。Raf 是一种丝氨酸 / 苏氨酸激酶，存在 3 种异构体分别为 A-Raf、B-Raf 和 Raf-1，每种异构体都有 CR1、CR2 和 CR3 保守区域。CR1、CR2 位于氨基末端，具有调节 Raf 蛋白的催化功能，激酶区域位于 CR3。CR2 区域的磷酸化可以负性调节 Raf 蛋白激酶的活性（McCubrey et al.，2007）。Raf-1 在信号转导 RAS–RAF–MEK–ERK 中占据着重要的地位，RAS–RAF–MEK–ERK 信号转导途径参与众多调控过程，包括细胞凋亡、细胞周期、癌细胞分化、增殖与转移等过程（Roskoski，2010）。Fabian 等（1993）的研究表明 Raf-1 在非洲爪蟾卵母细胞成熟过程中起着非常重要的作用。Muslin 等（1993）同样也发现，Raf-1 在卵母细胞减数分裂过程中起着非常重要的作用。本研究结果表明 Raf-1 被 MT 显著抑制，说明 MT 可能通过抑制卵母细胞的减数分裂而降低卵母细胞的成熟速度，从而抑制卵巢的发育。

热休克蛋白 90（Hsp90），细菌到哺乳动物中广泛存在的非常保守的热应激蛋白质（Kyeong et al.，1998）。Hsp90 在卵母细胞成熟过程中起着重要的作用（Fisher et al.，2000）。热休克蛋白 90 是 ATP 依赖的类固醇激素受体

（雌激素受体 ER、雄激素受体 AR、糖皮质激素受体 GR）的分子伴侣（Fliss et al.，2000；Trepel et al.，2010）。Hsp90 与雌激素受体结合，使雌激素受体处于失活状态，阻止雌激素受体与细胞核 DNA 的结合，当雌激素受体 ER 结合上雌激素时，便与 Hsp90 解离，使得雌激素通过受体 – 激素复合物发挥正常的生理作用，也是保证下游的孕酮受体 PR、组织蛋白酶 D、脱乙酰化酶 HDAC6 和 pS2 发挥正常作用的先决因素（Fiskus et al.，2007；Sabnis et al.，2011）。本研究结果显示 MT 暴露稀有鮈鲫雌鱼后，卵巢中 Hsp90 的 mRNA 水平显著降低，意味着游离的雌激素受体增多，从而使得雌激素与雌激素受体更易结合，这说明 MT 对雌鱼卵巢的影响机制与 EE2 类似，都是通过增加雌激素与雌激素受体的结合而抑制卵巢的发育，第四章组织病理学结果显示，MT 和 EE2 均抑制卵母细胞的成熟，阻碍卵巢的发育。

细胞周期素 B（CyclinB）是在鱼类卵母细胞减数分裂过程中不可缺少的一个调节基因（Yamashita et al.，1998）。卵母细胞成熟是一个复杂的过程，首先，滤泡细胞分泌一种成熟诱导激素 MIH，成熟诱导激素激活成熟促进因子 MPF，成熟促进因子进一步激活卵母细胞成熟。在卵母细胞成熟过程中，细胞分裂周期 2（cdc2）作为催化亚基，通过抑制磷酸化而控制调节亚基细胞周期素 B，从而调节卵母细胞的成熟（Morgan，1995；Kondo et al.，1997）。前人研究表明，细胞周期素 B 通过控制早期胚胎细胞周期而控制整个卵母细胞成熟的时间（Aegerter et al.，2004）。细胞周期素 B 的合成和降解对减数分裂的连续性是必须的。前人的研究表明 EDCs 会影响鱼体内 cyclinB 的表达（Tokumoto et al.，2004；Toshinobu et al.，2005）。Kortner 和 Arukwe（2007）研究过 MT 对大西洋鳕鱼卵母细胞成熟的影响，研究结果显示，1000 μM 的 MT 暴露 10 d 后，cyclinB 的表达显著下降，在我们的实验中，同样得出了 MT 抑制 cyclinB 表达的结果，但是我们的 MT 浓度远远低于 MT 暴露大西洋鳕鱼研究中的浓度，这说明稀有鮈鲫卵巢基因 cyclinB 对 MT 比较敏感。细胞周期素 B 具有时相性表达模式，在细胞周期的 G2（分裂前期）到 M（分裂期）期的过程起着重要作用，这个时期是肿瘤发生和恶性肿瘤发展的重要阶段，因此，细胞周期素 B 在肿瘤发生过程中起着重要的作用，尤其在肿瘤失控生长过程中发挥作用（Song et al.，2008）。正常细胞周期中，细胞周期素 B 的含量在 S 末期开始表达，G_2 期表达量升高，有丝分裂期表达量达到峰值，随之经过泛素化过程降解，而在肿瘤发生的细胞中，细胞周期素 B 是不会被降解的，当细胞周期素 B 过表达时，细胞分裂周期会失控，癌变发生。本研究中，卵巢 *cyclinB* 的 mRNA 表达被 MT 显著抑制，我们推测，MT 抑制了细胞周期素 B 的泛素化降解，使得卵母细胞增殖加快，通过反馈调节作用，卵巢 *cyclinB* 的转录需要相应的降低，这是机体自我调节机制造成的。

胰岛素样生长因子（Insulin–like Growth Factors，IGF），是代谢和胚胎发育的重要调节因子。胰岛素样生长因子可启动卵裂，增加致密化和胚泡形成率。体外实验表明，胰岛素样生长因子能促使 G_1 期细胞进入 S 期，并完成整个细胞生长周期，能引起种细胞增殖，如成纤维细胞、卵母细胞、颗粒细胞等。胰岛素样生长因子还可作为生长激素（GH）的介质，垂体分泌的生长激素先与肝细胞表面的生长激素受体结合，由肝细胞产生和分泌胰岛素样生长因子再作用于靶组织（Allan et al.，2001；Goodyer et al.，2001）。MT 暴露稀有鮈鲫雌鱼 7 d 后，卵巢中胰岛素样生长因子 1 受体 IGF1R 转录水平显著升高，胰岛素样生长因子及其受体基因在卵母细胞成熟过程中发挥重要作用，对鱼类的生长发育起着重要的调节作用，IGF1 及其受体 IGF1R 是 IGF 系统中的重要成员。Schlueter 等（2007）采用基因敲除技术阻断斑马鱼胚胎 IGF1R 的表达，结果发现胚胎生长明显比正常斑马鱼胚胎发育缓慢。稀有鮈鲫卵巢 IGF1R 转录水平显著升高，第三章组织病理学结果显示，MT 显著抑制了卵巢发育，阻碍卵母细胞的成熟。因此我们推测，基因的过表达，也会对生理过程造成不利的干扰作用。

MT 暴露稀有鮈鲫雌鱼 7 d 后，卵巢中的卵巢滤泡激素 FLCN（*BHD*）转录水平显著下降。结合前一章的组织切片的结果，我们推测 FLCN 与卵细胞的成熟有很大关系。前人的研究结果显示 FLCN 的分布很广，各个组织均有分布，并且与很多疾病有关，比如原发性自发性气胸等（曹磊等，2012）。小鼠实验表明，FLCN 的失活，会激活 TGF–β 信号途径（Chen et al.，2008）。FLCN 是一个抑癌蛋白，在我们的研究中发现，MT 显著抑制了稀有鮈鲫雌鱼卵巢中卵巢滤泡激素基因 *BHD* 的表达，如果抑癌基因表达降低，那么我们推测癌症相关的基因或者蛋白表达就会升高，造成癌细胞的不断分裂，而在鱼体内，如果 *BHD* 的表达减少，则会导致卵巢中的细胞分裂加快，从而抑制了卵细胞的成熟，这与本研究第四章的稀有鮈鲫雌鱼暴露 MT 后的组织切片结果是一致的。卵黄蛋白原（VTG）是几乎所有卵生动物中卵黄蛋白的前体，鱼类、鸟类、两栖动物、爬行动物、大多数无脊椎动物和鸭嘴兽血液中都含有卵黄蛋白原（Zhang et al., 2011）。VTG 通常在肝脏中合成，经过循环系统被运输到卵巢中，被卵巢吸收用作发育的营养物质。但是，鱼类性腺中也可以合成少量的 *vtg*。MT 暴露稀有鮈鲫 7 d 后，高通量测序结果显示，雌鱼卵巢中 *vtg* 高于精巢中 *vtg* 转录水平，这与前人的研究结果是一致的（Folmar et al., 2000；Arukwe et al., 2000）。但是雌鱼处理组和对照组卵巢中的 *vtg* 表达没有显著差异，对于雄鱼而言，对照组没有发现 *vtg* 表达，而 MT 处理组反而检测到 VTG 的 mRNA 表达。这可能是由于有少量的 MT 被芳香化酶转化成雌激素的结果。

5.4.2 其他差异基因

起始识别复合体（ORC），最早是在酵母中发现的（Bell et al., 1992），ORC 是 DNA 复制起始的关键因子，是真核细胞 DNA 复制的起始蛋白。ORC 由 6 个亚单位组成，ORC1、ORC2、ORC3、ORC4、ORC5 和 ORC6。随着研究的深入，越来越多的组织和细胞中发现了起始识别复合体，并在细胞周期和细胞增殖中具有重要的作用（Zisimopoulou et al., 1998）。起始识别复合物在细胞周期中的作用是促进细胞从 G_0 期进入 G_1 期（Mori et al., 2005；Gibson et al., 2006）。ORC1 是起始识别复合物中最大的亚单位，并且也是最主要的活性单位，严格控制着细胞周期的进程。至今为止，很少有人在水产动物上研究过 ORC1。ORC1 主要参与的通路是细胞周期和减数分裂，MT 暴露稀有鮈鲫 7 d 后，结果显示 ORC1 在雌鱼卵巢中的转录水平发生变化，这种变化不能确定是上调还是下调，因此还有待进一步研究。

铁蛋白重链多肽 1（FTH1）是铁蛋白复合物，具有储存铁的功能，同时还可以保护机体免受铁中毒。铁蛋白具有调整铁的贮存和维持细胞内铁的内环境稳定的功能。铁蛋白重链转录起始位点的上游有抗氧化反应元件，该亚基具有亚铁氧化酶作用，催化 Fe^{2+} 氧化成 Fe^{3+}，保护细胞免受氧化损伤，铁蛋白重链是细胞内抗氧化剂之一（Tsuji and Jun, 2005）。铁蛋白重链多肽 1 可调节凋亡相关基因表达从而影响细胞凋亡的进程，在细胞增殖和免疫反应中也起着重要作用（Pham et al., 2004）。DGE 结果显示，雄鱼处理组的 FTH1 表达显著高于对照组，这主要是由于 FTH1 要使暴露机体免受外源激素 MT 的影响。

主要组织相容性复合体（MHC）广泛存在于脊椎动物体内，和免疫功能密切相关并编码免疫球蛋白样受体的高度多态的基因群，它是染色体上由一系列紧密连锁的基因位点所组成的具有高度多态性的复合遗传系统或区域。主要组织相容性复合体基因作为编码主要组织相容性抗原的基因群，编码的糖蛋白能与抗原肽结合，通过与 T 细胞的相互作用，诱导和调节机体的免疫应答，激发机体特异免疫反应，在免疫学上具有极为重要的意义。MHC 的功能在所有脊椎动物的研究显示，许多与免疫有关的重要基因都在 MHC 位点上，这使得 MHC 可以识别以及清除外来和内在抗原来参与和调控动物机体免疫应答。MHC 分子的进化，最初是与发育调控需求相关的（张海琛等，2023）。MHC 主要参与抗原加工、细胞的内吞作用和多种疾病的调节通路，我们推测 MT 可以扰乱稀有鮈鲫的免疫系统。在哺乳动物中，T 细胞在免疫方面起着重要的作用，同样，在硬骨鱼类中，T 细胞在免疫系统中起着关键作用，其中，主要组织相容性复合体 MHC 是 T 细胞抗原识别的先决因素（Nakanishi et al., 2002；Somamoto et al., 2014）。本实验 DGE 结果表明 MT 处理 7 d 的稀有鮈鲫精巢中 MHC1 的 mRNA 表达显著升高，是所有表达升高基因中最显著的一个基因，可见，MT 对机体的短期暴露，已经调动起稀有鮈鲫免疫相关基因加快转录，以对抗外源激素的侵入。

组织蛋白酶是一类裂解肽键的蛋白水解酶，根据其作用方式不同，组织蛋白酶可以分为外肽酶和内肽酶，内肽酶根据作用位点的催化基团不同分为丝氨酸蛋白酶、半胱氨酸蛋白酶和金属蛋白酶，其中半胱氨酸蛋白酶分为蛋白酶 L、B、H、N、S、M 和 T 等不同种类（Bond et al.，1987）。组织蛋白酶 L（CTSL）是细胞溶酶体的主要分泌蛋白，有肽链内切酶和外切酶的活性，主要功能是降解蛋白，水解某些激素原和前体蛋白酶原，还可以激活某些蛋白水解酶系统。前人研究表明，组织蛋白酶 L 参与多种生理活动，比如抗原递呈、精子发生、排卵、胚胎形态发生、神经成熟和发育、中枢神经系统成熟和发育、角质细胞分化等（Berdowska，2004）。组织蛋白酶 L 在精子成熟过程中 VI 期和 VII 期前表达（Mathur et al.，1997）。在小鼠的研究中，组织蛋白酶 L 表达不足的时候会引起精细小管萎缩（Wright et al.，2003）。本研究中，MT 暴露稀有鮈鲫 7 d，组织蛋白酶 L 的 mRNA 表达水平显著降低。第四章的切片结果显示，MT 可以抑制稀有鮈鲫精巢的发育，这些结果显示 MT 通过抑制精子成熟过程中的调节基因而抑制精巢的发育。组织蛋白酶 S（CTSS）主要是在脾脏和抗原递呈细胞（比如 B 淋巴细胞、巨噬细胞、单核细胞等）中表达的酶类。前人有研究表明，抑制 CTSS 会扰乱 MHC Ⅱ 的分子伴侣，进而影响 MHC Ⅱ 发挥作用（Riese et al.，1996）。本研究的结果显示，稀有鮈鲫雄鱼性腺中基因 *ctss* 显著降低，我们推测 MT 通过损伤抗原递呈信号通路而影响精巢的发育。

5.5　小结

本研究成功构建了稀有鮈鲫 8 个 DGE 文库，雌鱼处理组和对照组 4 个 DGE 文库平均 Clean reads 为 8 296 380，雄鱼处理组和对照组 4 个 DGE 文库平均 Clean reads 为 8 218 731。对差异显著基因分析发现，雌鱼筛选出 191 个差异基因，雄鱼筛选出 268 个差异基因。KEGG 信号通路分析结果显示，雌鱼 191 个差异基因共参与 78 个信号通路，雄鱼 268 个差异基因共参与 89 个信号通路。

雌雄稀有鮈鲫各选取了 6 个基因进行实时定量 PCR 验证，实验结果显示，我们选取的这些基因的表达变化趋势和 DGE 结果中的变化趋势基本一致，说明本研究中 DGE 数据是可靠的。

通过对差异基因的分析，我们发现卵母细胞成熟过程中的几个基因受到 17α-甲基睾酮的影响较大，比如 *Hsp90*、*Raf*、*cyclinB* 和 *IGF1R* 等基因，但是 MT 通过影响这些基因的 mRNA 表达而影响卵母细胞成熟，抑制卵巢发育的机制还有待进一步进行深入研究。

参考文献

陈剑秋，戴璇颖，徐世清，2007. 环境激素除草剂阿特拉津对家蚕生长发育的影响. 中国蚕业，28（4）：13-17.

程艳，崔媛，何平，等，2012. 全氟辛烷磺酸（PFOS）对斑马鱼血浆和组织匀浆中卵黄蛋白原含量的影响. 生态毒理学报，7（1）：65-70.

邓南圣，吴峰，2004. 环境中的内分泌干扰物. 北京：化学工业出版社.

高连连，蔡德培，2012. 环境内分泌干扰物对性激素合成相关酶基因调控网络的不良影响. 国际儿科学杂志，39（5）：521-524.

胡双庆，李延，2004. 壬基酚对鲫鱼巨噬细胞的免疫毒性. 南京大学学报，40（3）：341-347.

李青松，2007. 水中甾类雌激素内分泌干扰物去除性能及降解机理研究. 上海：同济大学.

刘在平，张松林，李运彩，等，2011. 烷基酚类化合物对斑马鱼胚胎的毒性效应. 环境监控与预警，3（3）：23-27.

芦军萍，郑力行，蔡德培，2006. 性早熟患儿血清中环境内分泌干扰物的测定和分析. 中华预防医学杂志，40（2）：88-92.

吕东阳，李文兰，2003. 环境激素作用机制的研究. 哈尔滨商业大学学报（自然科学版），19（1）：20-23.

汝少国，潘宗保，田华，2012. 鱼类卵黄原蛋白研究进展. 海洋湖沼通报（2）：22-32.

时国庆，李栋，卢晓珅，等，2011. 环境内分泌干扰物质的健康影响与作用机制. 环境化学，30（1）：211-223.

孙胜龙，2004. 环境激素与人类未来. 北京：化学工业出版社.

王剑伟，1992. 稀有鮈鲫的繁殖生物学. 水生生物学报（16）：165–174.

温茹淑，方展强，陈伟庭，2008. 17β – 雌二醇对雄性唐鱼卵黄蛋白原的诱导及性腺发育的影响. 动物学研究，29（1）：43–48.

吴楠，张毅，2007. 壬基酚和雌二醇干扰罗氏沼虾卵黄蛋白原 VTG 基因表达的效应. 动物学杂志，2（4）：1–7.

伍吉云，万祎，胡建英，2005. 环境中内分泌干扰物的作用机制. 环境与健康杂志，22（6）：494–497.

杨丹，李丹丹，刘姗姗，等，2008. 双酚 A 对机体的影响及其作用机制. 现代预防医学，35（17）：3280–3287.

姚泰，2001. 生理学. 北京：人民卫生出版社.

张海琛，许保可，阿琳林，等，2023. 青海湖裸鲤与花斑裸鲤 MHC Ⅱ 基因克隆、组织表达及多态性. 水产学报：1–17.

张玉彪，刘明春，赵刚，等，2013. 环境内分泌干扰物作用机制的研究进展. 现代畜牧兽医（3）：49–51.

周永欣，成水平，胡炜，等，1995. 稀有鮈鲫———一种新的鱼类毒性试验材料. 动物学研究，16（1）：59–63.

AEGERTER S, JALABERT B, BOBE J, 2004. Messenger RNA stockpile of cyclin B, insulin–like growth factor Ⅰ, insulin–like growth factor Ⅱ, insulin–like growth factor receptor Ib, and p53 in the rainbow trout oocyte in relation with developmental competence. Mol Reprod Dev, 67：127–135.

ALLAN G J, FLINT D J, PATEL K, 2001. Insulin–like growth factor axis during embryonic development. Reproduction, 122：31–39.

ALSOP D, VIJAYAN M M, 2008. Development of the corticosteroid stress axis and receptor expression in zebrafish. Am J Physiol Regul Integr Comp Physiol, 294：711–719.

ALVES–BEZERRA M, GONDIM K C, 2012. Triacylglycerol biosynthesis occurs via the glycerol–3–phosphate pathway in the insect Rhodnius prolixus. Biochimica et Biophysica Acta（BBA）–Molecular and Cell Biology of Lipids,

1821（12）: 1462-1471.

ANDERSEN C L, JENSEN J L, ORNTOFT T F, 2004. Normalization of real-time quantitative reverse transcription-PCR data: A model-based variance estimation approach to identify genes suited for normalization, applied to bladder and colon cancer data sets. Cancer Res, 64: 5245-5250.

ANDERSEN L, GOTO-KAZETO R, TRANT J M, et al., 2006. Short-term exposure to low concentrations of the synthetic androgen methyltestosterone affects vitellogenin and steroid levels in adult male zebrafish (*Danio rerio*). Aquat Toxicol, 76: 343-352.

ANGELES T S, HUDKINS R L, 2016. Recent advances in targeting the fatty acid biosynthetic pathway using fatty acid synthase inhibitors. Expert Opinion on Drug Discovery, 11（12）: 1187-1199.

ANKLEY G T, BENCIC D C, BREEN M S, et al., 2009. Endocrine disrupting chemicals in fish: developing exposure indicators and predictive models of effects based on mechanism of action. Aquat Toxicol, 92: 168-178.

ANKLEY G T, JENSEN K M, KAHL M D, et al., 2001. Description and evaluation of a short-term reproductive test with the fathead minnow (*Pimephales promelas*). Environ Toxicol Chem, 20: 1276-1290.

ARUKWE A, NORDTUG T, KORTNER T M, et al., 2008. Modulation of steroidogenesis and xenobiotic biotransformation responses in zebrafish (*Danio rerio*) exposed to water-soluble fraction of crude oil. Environ Res, 107: 362-370.

ARUKWE A, 2008. Steroidogenic acute regulatory (StAR) protein and cholesterol side-chain cleavage (P450scc) -regulated steroidogenesis as an organ-specific molecular and cellular target for endocrine disrupting chemicals in fish. Cell Biol Toxicol, 24: 527-540.

BABIAK J, BABIAK I, VAN NES S, et al., 2012. Induced sex reversal using an aromatase inhibitor, Fadrozole, in Atlantic halibut (*Hippoglossus hippoglossus* L.). Aquaculture, 324-325.

BAKER M E, 2010. 11 β –Hydroxysteroid dehydrogenase–type 2 evolved from an ancestral 17 β –Hydroxysteroid dehydrogenase–type 2. Biochem Biophys Res Commun, 215–220.

BAROILLER J F, GUIGUEN Y, FOSTIER A, 1999. Endocrine and environmental aspects of sex differentiation in fish. Cell Mol Life Sci, 55: 910–931.

BARON D, FOSTIER A, BRETON B, et al., 2005. Androgen and estrogen treatments alter steady state messengers RNA（mRNA）levels of testicular steroidogenic enzymes in the rainbow trout, *Oncorhynchus mykiss*. Mol Reprod Dev, 71: 471–479.

BARON D, HOULGATTE R, FOSTIER A, et al., 2008. Expression profiling of candidate genes during ovary–to–testis trans–differentiation in rainbow trout masculinized by androgens. Gen Comp Endocrinol, 156: 369–378.

BERDOWSKA I, 2004. Cysteine proteases as disease markers. Clin Chim Acta, 342: 41–69.

BERTILE F, RACLOT T, 2011. ATGL and HSL are not coordinately regulated in response to fuel partitioning in fasted rats. Journal of Nutritional Biochemistry, 22（4）: 372–379.

BHANDARI R K, NAKAMURA M, KOBAYASHI T, et al., 2006. Suppression of steroidogenic enzyme expression during androgen–induced sex reversal in Nile tilapia（*Oreochromis niloticus*）. Gen Comp Endocrinol, 145: 20–24.

BLANKVOORT B M G, RODENBURG R J T, MURK A J, et al., 2005. Androgenic activity in surface water samples detected using the AR–LUX assay: indication for mixture effects. Environ Toxicol Pharmacol, 19: 263–272.

BLASCO M, FERNANDINO J I, GUILGUR L G, et al., 2010. Molecular characterization of *cyp11a1* and *cyp11b1* and their gene expression profile in pejerrey（*Odontesthes bonariensis*）during early gonadal development. Comp Biochem Physiol A Mol Integr Physiol, 156: 110–118.

BLÁZQUEZ M, ZANUY S, CARRILLO M, et al., 1998. Structural and functional effects of early exposure to estradiol–17b and 17a–ethynylestradiol on the gonads of the gonochoristic teleost *Dicentrarchus labrax*. Fish Physiol Biochem, 18: 37–47.

BOND J S, BURLER P E, 1987. Intracellular proteases. Annu Rev Biochem, 56: 331–361.

BROWN K H, SCHULTZ I R, NAGLER J J, 2007. Reduced embryonic survival in rainbow trout resulting from paternal exposure to the environmental estrogen 17a–ethynylestradiol during late sexual maturation. Reproduction, 134: 659–666.

BURGOS–TRINIDAD M, YOUNGBLOOD G L, MAROTO M R, et al., 1997. Repression of cAMP–induced expression of the mouse P450 17 alpha–hydroxylase/C17– 20 lyase gene (*Cyp17*) by androgens. Mol Endocrinol, 11: 87–96.

CALLARD G V, TARRANT A M, NOVILLO A, et al., 2011. Evolutionary origins of the estrogen signaling system: Insights from amphioxus. J Steroid Biochem Mol Biol, 127: 176–188.

CALLARD G V, TCHOUDAKOVA A V, KISHIDA M, et al., 2001. Differential tissue distribution, developmental programming, estrogen regulation and promoter characteristics of *cyp19* genes in teleost fish. J Steroid Biochem Mol Biol, 1–5: 305–314.

CAMPBELL C G, BORGLIN S E, GREEN F B, et al., 2006. Biologically directed environmental monitoring, fate, and transport of estrogenic endocrine disrupting compounds in water: A review. Chemosphere, 65: 1265–1280.

CHEDRAUE P, MIGUEL G S, SCHWAGER G, 2011. The effect of soy–derived isoflavones over hot flushes, menopausal symptoms and mood in climacteric women with increased body mass index. Gynecological Endocrinology, 27: 307–313.

CHEN G Z, 2005. Biological characteristics of *Tanichthys albonubes* and its prospect of being laboratory animal. Master Dissertation, South China Normal University.

CHEN J, FUTAMI K, PETILLO D, et al., 2008. Deficiency of FLCN in mouse kidney led to development of polycystic kidneys and renal neoplasia. PLoS One, 3: e3581.

CHEN K L, LEE T Y, HUANG C C, et al., 2010. Effect of caponization and exogenous androgens implantation on blood lipid and lipoprotein profile in male chickens. Poultry Science, 89 (5): 924-930.

CHIKAE M, IKEDA R, HASAN Q, et al., 2004. Effects of tamoxifen, 17 alpha-ethynylestradiol, flutamide, and methyltestosterone on plasma vitellogenin levels of male and female Japanese medaka (*Oryzias latipes*). Environ. Toxicol. Pharmacol, 17: 29-33.

CHOI S M, LEE B M, 2004. An alternative mode of action of endocrine-disrupting chemicals and chemoprevention. J Toxicol Environ Health, 7: 451-463.

CHRISTIANSEN T, KORSGAARD B, JESPERSEN Å, 1998. Effects of nonylphenol and 17b-oestradiol on vitellogenin synthesis, testicular structure and cytology in male eelpout *zoarces viviparus*. J Exp Biol, 201: 179-192.

CLARK B J, STOCCO D M, 1996. StAR-A tissue specific acute mediator of steroidogenesis. Trends Endocrin Met, 7: 227-233.

COLBORN T, VOM SAAL F S, SOTO A M, 1993. Developmental effects of endocrine-disrupting chemicals in wildlife and humans. Environ Health Perspect, 101: 378-384.

CRAIN D A, ERIKSEN M, IGUCHI T, et al., 2007. An ecological assessment of bisphenol-A: evidence from comparative biology. Reprod Toxicol, 24: 225-239.

CRISP T M, CLEGG E D, COOPER R L, et al., 1998. Environmental endocrine disruption: An effects assessment and analysis. Environ Health Perspect, 106: 11-56.

DAISUKE U, MICHIAKI Y, TAKESHI K, et al., 2004. An aromatase inhibitor or high water temperature induce oocyte apoptosis and depletion of P450 aromatase activity in the gonads of genetic female zebrafish during sex–reversal. Comp Biochem Physiol A Mol Integr Physiol, 137: 11–20.

DIAMANTI–KANDARAKIS E, BOURGUIGNON J–P, GIUDICE L C, et al., 2009. Endocrine–disrupting chemicals: an endocrine society scientific statement. Endocr Rev, 30（4）: 293–342.

DIANA M P, DOUGLAS B N, DONALD E T, 1999. An in vivo model fish system to test chemical effects on sexual differentiation and development: exposure to ethinyl estradiol. Aquat Toxicol, 48: 37–50.

DIOTEL N, DO REGO J –L, ANGLADE I, et al., 2011. Activity and expression of steroidogenic enzymes in the brain of adult zebrafish. Eur J Neurosci, 34: 45–56.

DOYLE M A, BOSKER T, MARTYNIUK C J, et al., 2013. The effects of 17–ethinylestradiol（EE2）on molecular signaling cascades in mummichog（*Fundulus heteroclitus*）. Aquat Toxicol, 134–135: 34–46.

DREZE V, MONOD G, 2000. Effects of 4–Nonylphenol on sex differentiation and puberty in Mosquitofish（*Gambusia holbrooki*）. Ecotoxicology, 9: 93–103.

DUFFY J E, CARLSON E, LI Y, et al., 2002. Impact of polychlorinated biphenyls（PCBs）on the immune function of fish: age as a variable in determining adverse outcome. Mar Environ Res, 54: 559–563.

EIJKEN M, HEWISON M, COOPER M S, 2005. 11beta–Hydroxysteroid dehydrogenase expression and glucocorticoid synthesis are directed by a molecular switch during osteoblast diferentiation. Mol Endocrinol., 19: 621–631.

FILBY A L, THORPE K L, MAACK G, et al., 2007. Gene expression profiles revealing the mechanisms of anti–androgen– and estrogen–induced feminization in fish. Aquat Toxicol, 81: 219–231.

FROHMAN M A, DUSH M K, MARTIN G R, 1988. Rapid production of full–length cDNAs from rare transcripts: Amplification using a single gene-specific oligonucleotide primer. Proc Natl Acad Sci, 89: 8998–9002.

GIBSON D G, BELL S P, APARICIO O M, 2006. Cell cycle execution point analysis of ORC function and characterization of the checkpoint response to ORC inactivation in Saccharomyces cerevisiae. Genes, 11: 557–573.

GOLDSTONE J V, MCARTHUR A G, KUBOTA A, et al., 2010. Identification and developmental expression of the full complement of cytochrome P450 genes in zebrafish. BMC Genomics, 11: 643–664.

GOODYER C G, FLGUEIREDO R M O, KRACKOVITCH S, 2001. Characterization of the growth hormone receptor in human dermal fibroblasts and liver during development. Am J Physiol., 281: 213–220.

GOVOROUN M, MCMEEL O M, D'COTTA H, et al., 2001. Steroid enzyme gene expressions during natural and androgen–induced gonadal differentiation in the rainbow trout, *Oncorhynchus mykiss*. J Exp Zool, 290: 558–566.

GUAN G, TANAKA M, TODO T, et al., 1999. Cloning and expression of two carbonyl reductase–like 20b–Hydroxysteroid dehydrogenase cDNAs in ovarian follicles of rainbow trout (*Oncorhynchus mykiss*). Biochem Biophys Res Commun, 255: 123–128.

HAN X D, TU Z G, GONG Y, 2004. The toxic effects of nonyphenol on the reproductive system of male rats. Reprod Toxicol, 19: 215–221.

HASSANIN A, KUWAHARA S, NURHIDAYAT, et al., 2002. Gonadosomatic index and testis morphology of common carp (*Cyprinus carpio*) in rivers contaminated with estrogenic chemicals. Journal of Veterinary Medical Science, 64 (10): 921–926.

HINFRAY N, BAUDIFFIER D, LEAL M C, et al., 2011. Characterization of testicular expression of P450 17α–hydroxylase, 17,20–lyase in zebrafish and its perturbation by the phar–maceutical fungicide clotrimazole. Gen Comp Endocrinol, 174: 309–317.

HOFFMANN J L, TORONTALI S P, THOMASON R G, et al., 2006. Hepatic gene expression profiling using Genechips in zebrafish exposed to 17α–ethynylestradiol. Aquat Toxicol, 79: 233–246.

HOGAN N S, CURRIE S, LEBLANC S, et al., 2010. Modulation of

steroidogenesis and estrogen signalling in the estuarine killifish (*Fundulus heteroclitus*) exposed to ethinylestradiol. Aquat Toxicol, 98: 148–156.

HONKANEN J O, HOLOPAINEN I J, KUKKONEN J V, 2004. Bisphenol A induces yolk–sac oedema and other adverse effects in landlocked salmon (Salmo salar m. sebago) yolk–sac fry. Chemosphere, 55 (2): 187–196.

HORI S H, KODAMA T, TANAHASHI K, 1979. Induction of vitellogenin synthesis in goldfish by massive doses of androgens. Gen Comp Endocrinol, 37: 306–320.

HORNUNG M W, JENSEN K M, KORTE J J, et al., 2004. Mechanistic basis for estrogenic effects in fathead minnow (*Pimephales promelas*) following exposure to the androgen MT: conversion of 17α–methyltestosterone to 17α–methylestradiol. Aquat Toxicol, 66: 15–23.

HOUTEN S M, WANDERS R J A, RANEA–ROBLES P, 2020. Metabolic interactions between peroxisomes and mitochondria with a special focus on acylcarnitine metabolism. Biochimica et Biophysica Acta (BBA) – Molecular Basis of Disease, 1866 (5): 165720.

HSU H J, HSIAO P, KUO M W, et al., 2002. Expression of zebrafish *cyp11a1* as a maternal transcript and in yolk syncytial layer, Gene Expr Patterns, 2: 219–222.

HSU H J, LIANG M R, CHEN C T, et al., 2006. Pregnenolone stabilizes microtubules and promotes zebrafish embryonic cell movement. Nature, 439: 480–483.

HSU H J, LIN J C, CHUNG B C, 2009. Zebrafish *cyp11a1* and *hsd3b* genes: structure, expression and steroidogenic development during embryogenesis. Mol Cell Endocrinol, 312: 31–34.

HU M C, HSU N C, PAI C I, et al., 2001. Functions of the upstream and proximal steroidogenic factor 1 (SF–1) –binding sites in the CYP11A1 promoter in basal transcription and hormonal response. Mol Endocrinol, 15: 812–818.

INGS J S, VAN DER KRAAK G J, 2006. Characterization of the mRNA expression of StAR and steroidogenic enzymes in zebrafish ovarian follicles. Mol

Reprod Dev, 954: 943-954.

IWAMURO S, SAKAKIBARA M, TERAO M, et al., 2003. Teratogenic and anti-metamorphic effects of bisphenol A on embryonic and larval *Xenopus laevis*. Gen Comp Endocrinol, 133: 189-198.

JENG S R, YUEH W S, LEE Y H, et al., 2012. 17, 20b, 21-Trihydroxy-4-pregnen- 3-one biosynthesis and 20b-hydroxysteroid dehydrogenase expression during final oocyte maturation in the protandrous yellowfin porgy, *Acanthopagrus latus*. Gen Comp Endocrinol, 176: 192-200.

JIANG J Q, KOBAYASHI T, GE W, et al., 1996. Fish testicular 11 β -hydroxylase: cDNA cloning and mRNA expression during spermatogenesis. FEBS Letters, 397: 250-252.

JIANG J Q, WANG D S, SENTHILKUMARAN B, et al., 2003. Isolation, characterization and expression of 11 β -hydroxysteroid dehydrogenase type 2 cDNAs from the testes of Japanese eel (*Anguilla japonica*) and Nile tilapia (*Oreochromis niloticus*) . J Mol Endocrinol, 31: 305-315.

JOBLING S, SHEAHAN D, OSBORNE J A, et al., 1996. Inhibition of testicular growth in rainbow trout (*Oncorhynchus mykiss*) exposed to estrogenic alkyl-phenolic chemicals. Environ Toxicol Chem, 15: 194-202.

JOHNSON D E, SEIDLER F J, SLITKIN T A, 1998. Early biochemical detection of delayed neurotoxicity resulting from developmental exposure to chlorpyrifos. Brain Res Bull, 45: 143-147.

KANG I G, YOKOTA H, OSHIMAA Y, et al., 2008. The effects of methyltestosterone on the sexual development and reproduction of adult medaka (*Oryzias latipes*) . Aquat Toxicol, 87: 37-46.

KANG I J, YOKOTA H, OSHIMA Y, et al., 2002. Effects of bisphenol A on the reproduction of Japanese medaka (*Oryzias latipes*) . Environ Toxicol Chem, 21: 2394-2400.

KATO T, MATSUI K, TAKASE M, et al., 2004. Expression of P450 aromatase protein in developing and in sex-reversed gonads of the XX/XY type of the frog *Rana rugosa*. Gen Comp Endocrinol, 137: 227-236.

KAWAHATA H, OHTA H, INOUE M, et al., 2004. Endocrine disrupter nonylphenol and bisphenol a contamination in Okinawa and Ishigaki Islands, Japan—within coral reefs, and adjacent river mouths. Chemosphere, 55: 1519-1527.

KAZETO Y, IJIRI S, ADACHI S, et al., 2006. Cloning and characterization of a cDNA encoding cholesterol side-chain cleavage cytochrome P450 (CYP11A1): Tissue-distribution and changes in the transcript abundance in ovarian tissue of Japanese eel, Anguilla japonica, during artificially induced sexual development. J Steroid Biochem Mol Biol, 99: 121-128.

KAZETO Y, IJIRI S, MATSUBARA H, et al., 2000. Cloning of 17b-hydroxysteroid dehydrogenase-I cDNAs from Japanese eel ovary. Biochem Biophys Res Commun, 279: 451-456.

KAZETO Y, PLACE A R, TRANT J M, 2004. Effects of endocrine disrupting chemicals on the expression of CYP19 genes in zebrafish (*Danio rerio*) juveniles. Aquat Toxicol, 69: 25-34.

KIDD K A, BLANCHFIELD P J, MILLS K H, et al., 2007. Collapse of a fish population after exposure to a synthetic estrogen. Proc Natl Acad Sci U S A, 104: 8897-8901.

KISHINO T, KOBAYASHI K, 1995. Relation between toxicity and accumulation of chlorophenols at various pH, and their absorption mechanism in fish. Water Res, 29: 431-442.

KITANO T, TAKAMUNE K, NAGAHAMA Y, et al., 2000. Aromatase inhibitor and 17alpha-methyltestosterone cause sex-reversal from genetical females to phenotypic males and suppression of P450 aromatase gene expression in Japanese flounder(*Paralichthys olivaceus*) . Mol Reprod Dev, 56: 1-5.

KOLODZIEJ E P, GRAY J L, SEDLAK D L, 2003. Quantification of steroid hormones with pheronmonal properties in municipal wastewater effluent. Environ

Toxicol Chem, 22: 2622-2629.

KONDO T, YANAGAWA T, YOSHIDA N, et al., 1997. Introduction of cyclin B induces activation of the maturation-promoting factor and breakdown of germinal vesicle in growing zebrafish oocytes unresponsive to the maturation-inducing hormone. Dev Biol, 190: 142-152.

KORSGAARD B, 2006. Effects of the model androgen methyltestosterone on vitellogenin in male and female eelpout, *Zoarces viviparus* (L) . Mar Environ Res, 62: S205-S210.

KORTNER T M, ARUKWE A, 2007. Effects of 17 α -methyltestosterone exposure on steroidogenesis and cyclin-B mRNA expression in previtellogenic oocytes of Atlantic cod(*Gadus morhua*) . Comp Biochem Physiol Part C, 146: 569-580.

KOSTIC T S, STOJKOV N J, BJELIC M M, et al., 2011. Pharmacological doses of testosterone upregulated androgen receptor and 3-beta-hydroxysteroid dehydrogenase/delta-5-delta-4 isomerase and impaired leydig cells steroidogenesis in adult rats. Toxicol Sci, 121: 397-407.

KUSAKABE M, TODO T, MCQUILLAN H J, et al., 2002 Characterization and expression of steroidogenic acute regulatory protein and MLN64 cDNAs in trout. Endocrinology, 143: 2062-2070.

LAHNSTEINER F, BERGER B, KLETZL M, et al., 2005. Effect of bisphenol A on maturation and quality of semen and eggs in the brown trout, *Salmo trutta f. fario.* Aquat Toxicol, 75: 213-224.

LÄNGE R, HUTCHINSON T H, CROUDACE C P, et al., 2001. Effects of the synthetic estrogen 17a-ethinylestradiol on the life-cycle of the fathead minnow (*pimephales promelas*) . Environ Toxicol Chem, 20: 1216-1227.

LARSEN M G, HANSEN K B, HENRIKSEN P G, et al., 2008. Male zebrafish (*Danio rerio*) courtship behaviour resists the feminising effects of 17 β -ethinyloestradiol—morphological sexual characteristics do not. Aquat Toxicol, 87: 234-244.

LAZIER C B, LANGLEY S, RAMSEY N B, et al., 1996. Androgen inhibition of vitellogenin gene expression in tilapia (*Oreochromis niloticus*) . Gen Comp Endocrinol, 104: 321–329.

LEÃO L M C S M, DUARTE M P C, SILVA D M B, et al., 2006. Influence of methyltestosterone postmenopausal therapy on plasma lipids, inflammatory factors, glucose metabolism and visceral fat: A randomized study . European Journal of Endocrinology, 154 (1): 131–139.

LEERS–SUCHETA S, MOROHASHI K, MASON J I, et al., 1997. Synergistic activation of the human type II 3beta–hydroxysteroid dehydrogenase/delta5– delta4 isomerase promoter by the transcription factor steroidogenic factor–1/ adrenal 4–binding protein and phorbol ester. J Biol Chem, 272: 7960–7967.

LIN L L, JANZ D M, 2006. Effects of binary mixtures of xenoestrogens on gonadal development and reproduction in zebrafish. Aquat Toxicol, 80: 382–395.

LIU C, DENG J, YU L, et al., 2010. Endocrine disruption and reproductive impairment in zebrafish by exposure to 8: 2 fluorotelomer alcohol. Aquat Toxicol, 96: 70–76.

LIVAK K J, SCHMITTGEN T D, 2001. Analysis of relative gene expression data using real–time quantitative PCR and the 2 [–Delta Delta C (T)] method. Methods, 25: 402–408.

LOHM J, GRAHN M, LANGEFORS A, et al., 2002. Experimental evidence for major histocompatibility complex–allde–specific resistance to a bacterial infection. Proceedings of the Royal Society. (Series B), 269: 2029–2033.

LUBZENS E, YOUNG G, BOBE J, et al., 2010. Oogenesis in teleosts: how eggs are formed. Gen Comp Endocrinol, 165: 367–389.

LYNCH J P, LALA D S, PELUSO J J, et al., 1993. Steroidogenic factor 1, an orphan nuclear receptor, regulates the expression of the rat aromatase gene in gonadal tissues. Mol Endocrinol, 7: 776–786.

MAACK G, SEGNER H, 2004. Life–stage–dependent sensitivity of zebrafish (*Danio rerio*) to estrogen exposure. Comp Biochem Physiol C Toxicol Pharmacol, 139: 47–55.

MATTHIESEN P, GIBBS P, 1997. Critical appraisal of the evidence for tributyltin–mediated endocrine disruption in mollusks. Environ Tox Chem, 17: 37–43.

MEINA E G, LISTER A, BOSKER T, et al., 2013. Effects of 17 α –ethinylestradiol (EE2) on reproductive endocrine status in mummichog (*fundulus heteroclitus*) under differing salinity and temperature conditions. Aquat Toxicol, 3: 14.

MICHALOWICZ J, DUDA W, 2004. Chlorophenols and their derivatives in waters of the drainage of the Dzierzazna river State and anthropogenic changes of the quality of waters in Poland. Hydrological Committee of Polish Geographical Society, University of Lodz, Lodz.

MORGAN D O, 1995. Principles of CDK regulation. Nature, 374: 131–134.

MORI Y, YAMAMOTO T, SAKAGUCHI N, 2005. Characterization ofthe or. igin recognition complex (ORC) from a higher plant, rice (*Oryza sativa* L.). Gene. 353: 23–30.

MYERS J P, ZOELLER R T, VOM SAAL F S, 2009. A clash of old and new scientific concepts in toxicity, with important implications for public health. Environ Health Perspect, 117: 1652–1655.

NISHIMURA N, FUKAZAWA Y, UCHIYAMA H, et al., 1997. Effects of estrogenic hormones on early development of *Xenopus laevis*. J Exp Zool, 278 (4): 221–233.

NOGOWSKI L, KOLODZIEJSKI P A, 2019. Effect of ostarine (enobosarm/GTX024), a selective androgen receptor modulator, on adipocyte metabolism in wistar rats. Journal of Physiology and Pharmacology, 70 (4): 525–533.

ÖRN S, HOLBECH H, MADSEN T H, et al., 2003. Gonad development and vitellogenin production in zebrafish (*Danio rerio*) exposed to ethinylestradiol and methyltestosterone. Aquat Toxicol, 65: 397–411.

PAPOULIAS D M, NOLTIE D B, TILLITT D E, 2000. An in vivo model fish system to test chemical effects on sexual differentiation and development: exposure to ethinylestradiol. Aquat Toxicol, 48: 37–50.

PARKER K L, SCHIMMER B P, 2002. Genes essential for early events in gonadal development. Ann Med, 34: 171–178.

PARKS L G, LAMBRIGHT C F, ORLAND E F, et al., 2001. Masculinization of female mosquito fish in Kraft mill effluent-contaminated Fenholloway River water is associated with androgen receptor agonist activity. Toxicol Sci, 62: 257–267.

PAWLOWSKI S, SAUER A, SHEARS J A, et al., 2004. Androgenic and estrogenic effects of the synthetic androgen 17α–methyltestosterone on sexual development and reproductive performance in the fathead minnow (*Pimephales promelas*) determined using the gonadal recrudescence assay. Aquat Toxicol, 68: 277–291.

PETERS R E M, COURTENAY S C, CAGAMPAN S, et al., 2007. Effects on reproductive potential and endocrine status in the mummichog (*Fundulus heteroclitus*) after exposure to 17α–ethynylestradiol in a short-term reproductive bioassay. Aquat Toxicol, 85: 154–166.

PFAFFL M W, TICHOPAD A, PRGOMET C, et al., 2004. Determination of stable housekeeping genes, differentially regulated target genes and sample integrity: Best Keeper-Excel-based tool using pair-wise correlations. Biotechnol Lett, 26: 509–515.

PHAM C G, BUBICI C, ZAZZERONI F, 2004. Ferritin heavy chain upregulation by NF-B inhibits TNFa-induced apoptosis bysuppressing reactive oxygen species. Cell, 119: 529–542.

RASHEEDA M K, KAGAWA H, KIRUBAGARAN R, et al., 2010b. Cloning, expression and enzyme activity analysis of testicular 11b-hydroxysteroid dehydrogenase during seasonal cycle and after hCG induction in air-breathing catfish Clarias gariepinus. J Steroid Biochem Mol Biol, 120: 1–10.

RASHEEDA M K, SRIDEVI P, SENTHILKUMARAN B, 2010a. Cytochrome P450 aromatases: Impact on gonadal development, recrudescence and effect of hCG in the catfish, *Clarias gariepinus*. Gen Comp Endocrinol, 167: 234-245.

RASMUSSEN R, 2001. Quantification on the Light Cycler. In: Meuer S, Wittwer C, Nakagawara K. Rapid cycle real-time PCR, Methods and Applications. Springer Press Heidelberg: 21-34.

RASMUSSEN T H, TEH S J, BJERREGAARD P, et al., 2005. Anti-estrogen prevents xenoestrogen-induced testicular pathology of eelpout (*Zoarces viviparus*). Aquat Toxicol, 72: 177-194.

RHEE J S, KIM B M, LEE C, et al., 2011. Bisphenol A modulates expression of sex differentiation genes in the self-fertilizing fish, *Kryptolebias marmoratus*. Aquat Toxicol, 104: 218-229.

RIVERO-WENDT C L G, MIRANDA-VILELA A L, DOMINGUES I, et al., 2020. Steroid androgen 17 alpha methyltestosterone used in fish farming induces biochemical alterations in ze- brafish adults. Journal of Environmental Science and Health, Part A, 55 (11): 1321-1332.

ROGERSON F M, COURTEMANCHE J, FLEURY A, et al., 1998. Characterization of cDNAs encoding isoforms of hamster 3 β -hydroxysteroid dehydrogenase/ 5-4 isomerase. J Mol Endocrinol, 20: 99-110.

ROTCHELL J M, 2003. Molecular markers of endocrine disruption in aquatic organisms. J Toxicol Environ Health B Crit Rev, 6: 453-495.

ROUGEOT C, KRIM A, MANDIKI S N, et al., 2007. Sex steroid dynamics during embryogenesis and sexual differentiation in Eurasian perch, Perca fluviatilis. Theriogenology. 67: 1046-1052.

ROY T S, ANDREWS J E, SEIDLER F J, 1998. Chlorpyrifos elicits mitotic abnormalities and apoptosis in neuroepithelium of cultured rat embryos. Teratology, 58: 62-68.

SAITOU N, NEI M, 1987. The Neighbor-Joining method-a new method for reconstructing phylogenetic trees. Mol Biol Evol, 4: 406–425.

SAKAI N, TANAKA M, TAKAHASHI M, et al., 1994. Ovarian 3 beta-hydroxysteroid dehydrogenase/delta 5–4–isomerase of rainbow trout: its cDNA cloning and properties of the enzyme expressed in a mammalian cell. FEBS Lett, 350: 309–313.

SALIERNO J D, KANE A S, 2009. 17a–ethinylestradiol alters reproductive behaviors, circulating hormones, and sexual morphology in male fathead minnows (Pimephales promelas) . Environ Toxicol Chem, 28: 953–961.

SANDERSON J, 2006. The steroid hormone biosynthesis pathway as a target for endocrine–disrupting chemicals. Toxicol Sci, 94: 3–21.

SCHLUETER P J, PENG G, WESTERFIELD M, et al., 2007. Insulin–like growth factor signaling regulates zebrafish embryonic growth and development by promoting cell survival and cell cycle progression. Cell Death Differ, 14: 1095–1105.

SEKI M, YOKOTA H, MATSUBARA H, et al., 2004. Fish full life–cycle testing for androgen methyltestosterone on medaka (Oryzias latipes) . Environ Toxicol Chem, 23: 774–781.

SEKI M, YOKOTA H, MATSUBARA H, et al., 2002. Effect of ethinylestradiol on the reproduction and induction of vitellogenin and testis–ova in medaka (Oryzias latipes) . Environ Toxicol Chem, 21: 1692–1698.

SHANTHANAGOUDA A H, PATIL J G, NUGEGODA D, 2012. Ontogenic and sexually dimorphic expression of cyp19 isoforms in the rainbow fish, Melanotaenia fluviatilis (Castelnau 1878) . Comp Biochem Physiol, 161: 250–258.

SHI Y, LIU X, ZHANG H, et al., 2012. Molecular identification of an androgen receptor and its changes in mRNA levels during 17α –methyltestosterone-induced sex reversal in the orange–spotted grouper Epinephelus coioides. Comp Biochem Physiol B Biochem Mol Biol, 163: 43–50.

SILVA DE ASSIS H C, SIMMONS D B D, ZAMORA J M, et al., 2013.

Estrogen–like Effects in Male Goldfish Co–exposed to Fluoxetine and 17 Alpha–Ethinylestradiol. Environ. Sci Technol, 47: 5372–5382.

SILVA P, ROCHA M J, CRUZEIRO C, et al., 2012. Testing the effects of ethinylestradiol and of an environmentally relevant mixture of xenoestrogens as found in the Douro River (Portugal) on the maturation of fish gonads–A stereological study using the zebrafish (*Danio rerio*) as model. Aquat Toxicol, 124–125: 1–10.

SILVER N, BEST S, JIANG J, et al., 2006. Selection of housekeeping genes for gene expression studies in human reticulocytes using real–time PCR. BMC Mol Boil, 7: 33.

SIMARD J, COUET J, DUROCHER F, et al., 1993. Structure and tissue–specific expression of a novel member of the rat 3β–hydroxysteroid dehydrogenase/$\Delta 5$–$\Delta 4$ isomerase (3β–HSD) family. The exclusive 3β–HSD Gene expression in the skin. J Biol Chem, 268: 19659–19668.

SIMPSON E R, MAHENDROO M S, MEANS G D, et al., 1994. Aromatase cytochrome P450, the enzyme responsible for estrogen biosynthesis. Endocr Rev, 15: 342–355.

SINGLETON D W, FENG Y, YANG J, et al., 2006. Gene expression profiling reveals novel regulation by bisphenol–A in estrogen receptor– α –positive human cells. Environ Res, 100: 86–92.

SISNEROS J A, FORLANO P M, KNAPP R, et al., 2004. Seasonal variation of steroid hormone levels in an intertidal–nesting fish, the vocal plainfin midshipman. Gen Comp Endocrinol, 136(1): 101–116.

SKOLNESS S Y, DURHAN E J, GARCIA–REYERO N, et al., 2011. Effects of a short–term exposure to the fungicide prochloraz on endocrine function and gene expression in female fathead minnows (*Pimephales promelas*) . Aquat Toxicol, 103: 170–178.

SOHONI P, TYLER C R, HURD K, et al., 2001. Reproductive effects of long–

term exposure to bisphenol A in the fathead minnow（*Pimephales promelas*）. Environ Sci Technol, 35: 2917-2925.

SONE K, HINAGO M, KITAYAMA A, et al., 2004. Effects of 17b–estradiol, nonylphenol, and bisphenol–A on developing *Xenopus laevis* embryos. Gen Comp Endocrinol, 138: 228-236.

SONG Y, ZHAO C, DONG L, et al., 2008. Overexpression of cyclin B1 in human esophageal squamous cell carcinoma cells induces tumor cell invasive growth and metastasis. Carcinogenesis, 29: 307-315.

SREENIVASULU G, SRIDEVI P, SAHOO P K, et al., 2009. Cloning and expression of StAR during gonadal cycle and hCG–induced oocyte maturation of air–breathing catfish, *Clarias gariepinus*. Comp Biochem Physiol B Biochem Mol Biol, 154: 6-11.

STOCCO D M, CLARK B J, REINHART A J, et al., 2001. Elements involved in the regulation of the *StAR* gene. Mol Cell Endocrinol, 177: 55-59.

STOCCO D M, WANG X, JO Y, et al., 2005. Multiple signaling pathways regulating steroidogenesis and steroidogenic acute regulatory protein expression: more complicated than we thought. Mol Endocrinol, 19: 2647-2659.

STULNIG T M, WALDHANSL W, 2004. 11beta–hydroxysteroid dehydrogenase type 1 in obesity and type 2 diabetes. Diabetologia, 47: 1-11.

SUGAWARA T, HOLT J A, KIRIAKIDOU M, et al., 1996. Steroidogenic factor 1–dependent promoter activity of the human steroidogenic acute regulatory protein（StAR）gene. Biochemistry, 35: 9052-9059.

SUN L, LIU Y, CHU X, et al. , 2010. Trace analysis of fifteen androgens in environmental waters by LC–ESI–MS–MS combined with solid–phase disk extraction cleanup. Chromatographia, 9-10: 867-873.

TABATA A, KASHIWADA S, OHNISHI Y, et al., 2001. Estrogenic in influences of estradiol–17 beta, p–nonylphenol and bisphenol–A on Japanese medaka（*Oryzias latipes*）at detected environmental concentrations. Water Sci Technol,

43: 109–116.

TAMURA K, DUDLEY J, NEI M, et al., 2007. MEGA4: molecular evolutionary genetics analysis (MEGA) software version 4.0. Mol Biol Evol, 24: 1596–1599.

TANG B, HU W, HAO J, et al., 2010. Developmental expression of steroidogenic factor-1, *cyp19a1a* and *cyp19a1b* from common carp (*Cyprinus carpio*) . Gen. Comp Endocrinol, 167: 408–416.

TO T T, HAHNER S, NICA G, et al., 2007. Pituitary–interrenal interaction in zebrafish interrenal organ development. Mol Endocrinol, 21: 472–485.

URBATZKA R, ROCHA E, REIS B, et al., 2012. Effects of ethinylestradiol and of an environmentally relevant mixture of xenoestrogens on steroidogenic gene expression and specific transcription factors in zebrafish. Environ Pollut, 164: 28–35.

VAN DEN BELT K, VERHEYEN R, WITTERS H, 2003. Effects of 17aethynylestradiol in a partial life–cycle test with zebrafish (*Danio rerio*): Effects on growth, gonads and female reproductive success. Sci Total Environ, 309: 127–137.

VAN DER VEN L T M, HOLBECH H, FENSKE M, et al., 2003. Vitellogenin expression in zebrafish Danio rerio: evaluation by histochemistry, immunohistochemistry, and in situ mRNA hybridization. Aquat Toxicol, 65: 1–11.

VANDESOMPELE J, DE PRETER K, PATTYN F, et al., 2002. Accurate normalization of real–time quantitative RT–PCR data by geometric averaging of multiple internal control genes. Genome Biol, 3 (7): 341.

VETHAAK A D, LAHR J, SCHRAP S M, et al., 2005. An integrated assessment of estrogenic contamination and biological effects in the aquatic environment of the netherlands. Chemosphere, 59: 511–524.

VILLENEUVE D L, BLAKE L S, BRODIN J D, et al., 2007. Transcription of key genes regulating gonadal steroidogenesis in control and ketoconazole– or vinclozolin–exposed fathead minnows. Toxicol Sci, 98: 395–407.

VILLENEUVE D L, MUELLER N D, MARTINOVIC D, et al., 2009. Direct effects, compensation, and recovery in female fathead minnows exposed to a model aromatase inhibitor. Environ Health Perspect, 117: 624–631.

VOGT G, 2007. Exposure of the eggs to 17β –methyl testosterone reduced hatching success and growth and elicited teratogenic effects in postembryonic life stages of crayfish. Aquat Toxicol, 85: 291–296.

VOM SAAL F S, WELSHONS W V, 2006. Large effects from small exposures. Ⅱ. The importance of positive controls in low–dose research on bisphenol A. Environ Res, 100: 50–76.

WANG H, WANG J, WU T, et al., 2011. Molecular characterization of estrogen receptor genes in *Gobiocypris rarus* and their expression upon endocrine disrupting chemicals exposure in juveniles. Aquat Toxicol, 101: 276–287.

WANG J, SHI X, DU Y, et al., 2011a. Effects of xenoestrogens on the expression of vitellogenin (*vtg*) and cytochrome P450 aromatase (*cyp19a* and *b*) genes in zebrafish(*Danio rerio*)larvae. J Environ Sci Health A Tox Hazard Subst Environ Eng, 46: 960–967.

WANG Y, GE W, 2004. Cloning of zebrafish ovarian P450c17 (CYP17, 17a–hydroxylase/17, 20–lyase) and characterization of its expression in gonadal and extra–gonadal tissues. Gen Comp Endocrinol, 135: 241–249.

WELSHONS W V, THAYER K A, JUDY B M, et al., 2003. Large effects from small exposures. In. Mechanisms for endocrine–disrupting chemicals with estrogenic activity. Environ Health Perspect, 111: 994–1006.

XU H, YANG J, WANG Y X, 2008. Exposure to 17 alpha–ethynylestradiol impairs reproductive functions of both male and female zebrafish(*Danio rerio*). Aquat Toxicol, 88: 1–8.

YAMAGUCHI A, ISHIBASHI H, KOHRA S, et al., 2005. Short–term effects of endocrine–disrupting chemicals on the expression of estrogen–responsive genes in male medaka(*Oryzias latipes*). Aquat Toxicol, 72: 239–249.

YANG F X, XU Y, WEN S, 2005. Endocrine-disrupting effects of nonylphenol, bisphenol A, and p'p'-DDE on Rana nigromaculata tadpoles. Bull Environ Contam Toxicol, 75: 1168-1175.

YEH S L, KUO C M, TING Y Y, et al., 2003. Androgens stimulate sex change in protogynous grouper, Epinephelus coioides: spawning performance in sexchanged males. Comp Biochem Physiol C, 135: 375-382.

YI Z S, CHEN X L, WU J X, et al., 2004. Rediscovering the wild population of white cloud mountain minnows (*Tanichthys albonubes* L.) on Guangdong Province. Zool Res, 25: 551-555.

YOKOTA H, ABE T, NAKAI M, et al., 2005. Effects of 4-*tert*-pentylphenol on the gene expression of P450 11β –hydroxylase in the gonad of medaka (*Oryzias latipes*). Aquat Toxicol, 71: 121-132.

YOSHIDA M, KATSUDA S, ANDO J, et al., 2000. Subcutaneous treatment of p-tert-octylphenol exerts estrogenic activity on the female reproductive tract in normal cycling rats of two different strains. Toxicol Lett, 116: 89-101.

ZERULLA M, LÄNGE R, STEGER-HARTMANN T, et al., 2002. Morphological sex reversal upon short-term exposure to endocrine modulators in juvenile fathead minnow(*Pimephales promelas*). Toxicol Lett, 131: 51-63.

ZHA J, SUN L, ZHOU Y, et al., 2008. Assessment of 17alpha-ethinylestradiol effects and underlying mechanisms in a continuous, multigeneration exposure of the Chinese rare minnow (*Gobiocypris rarus*). Toxicol Appl Pharmacol, 226: 298-308.

ZHA J, WANG Z, WANG N, et al., 2007. Histological alternation and vitellogenin induction in adult rare minnow (*Gobiocypris rarus*) after exposure to ethynylestradiol and nonylphenol. Chemosphere, 66: 488-495.

ZHOU Q, SHIMA J E, NIE R, et al., 2005. Androgen-regulated transcripts in the neonatal mouse testis as determined through microarray analysis. Biol Reprod, 72: 1010-1019.

ZHU L, LI W, ZHA J, et al., 2015. Dicamba affects sex steroid hormone level and mRNA expression of related genes in adult rare minnow (*Gobiocypris rarus*) at environmentally relevant concentrations. Environ Toxicol，30（6）：693–700.

缩略语

缩写	英文名称	中文名称
Amp	Amplicillin Na sailt	氨苄青霉素钠盐
bp	Base paire	碱基对
BPA	Bisphenol A	双酚 A
cDNA	Complementary DNA	互补 DNA
DEPC	Diethyl pyrocarbonate	焦磷酸二乙酯
DMSO	Dimethyl sulfoxide	二甲亚砜
dpf	day post fertilization	受精后天数
EDCs	Endocrine disrupting chemicals	内分泌干扰物
EDTA	Ethylenendinitrolotetraacetic acid	乙二胺四乙酸
E2	Estradiol	雌二醇
EE2	Ethinylestradiol	乙炔雌二醇
ER	Estrogen receptor	雌激素受体
IPTG	Isopropylthio-β-D-galactoside	异丙基硫代-β-半乳糖苷
MT	17α-methyltestosterone	17α-甲基睾酮
ORF	Open reading frame	开放阅读框
PCR	Polymerase chain reaction	聚合酶链式反应
RT-qPCR	Real-time quantitative reverse transcription PCR	实时荧光定量 PCR
RT-PCR	Reverse transcrition PCR	反转录 PCR
UTR	Untranslated region	非翻译区
VTG	Vitellogenin	卵黄蛋白原
X-gal	5-bromo-4-cboloro-3-indolyl-β-D-galactoside	5-溴-4-氯-3-吲哚-β-半乳糖苷
StAR	Steroidogenic acute regulator protein	类固醇合成急性调节蛋白
cyp11a1	P450-mediated side-chain cleavage enzyme	胆固醇侧链裂解酶

缩写	英文名称	中文名称
cyp17a1	17α-hydroxylase/ 17,20-lyase 1	17α-羟化酶
cyp19a1a	Cytochrome P450 aromatase	芳香化酶
3β-HSD	3β-hydroxysteroid dehydrogenase	3β-羟化类固醇脱氢酶
11β-HSD2	11β-hydroxysteroid dehydrogenase-2	11β-羟化类固醇脱氢酶2
β-actin	β-actin	β肌动蛋白
tubα1	tubulin alpha 1	微管蛋白
gapgh	glyceraldehyde-3-phosphate dehydrogenase	甘油醛-3-磷酸脱氢酶
ef1α	elongation factor 1-alpha	翻译延伸因子1α
kDa	Kilo delton	千道尔顿
NP	nonylphenol	壬基酚
RACE	Rapid amplification of cDNA ends	cDNA末端快速扩增
dNTP	deoxynucleoside trphosphate	三磷酸脱氧核苷
DGE	Digital gene expression	数字基因表达谱
ADSD	Androstenedione	雄烯二酮
T	Testosterone	睾酮
11-KT	11 ketotestosterone	11-酮基睾酮
ELISA	Enzyme-linked immuno sorbent assay	酶联免疫吸附测定
MHC	Major Histocompatibility Complex	主要组织相容性复合体
CTSL	Cathepsin L	组织蛋白酶L
CTSS	Cathepsin S	组织蛋白酶S
FLCN	Folliculin	卵巢滤泡激素
FTH1	Ferritin heavy chain1	铁蛋白重链1
ORC1	Origin recognition complex 1	起始识别复合体1
IGF1R	Insulin-like growth factor	胰岛素样生长因子1受体
CyclinB	CyclinB	细胞色素B
Hsp90	Heat shock protein of 90 kDa	热休克蛋白90
Raf1	RAF proto-oncogene serine/threonine-protein kinase	原癌基因丝氨酸/苏氨酸激酶1
MDH	Malate dehydrogenase	苹果酸酶
ING	Inhibitor of growth family	肿瘤生长抑制因子
PRMT6	protein arginine N-methyltransferase 6	蛋白精氨酸甲基转移酶6

续表

缩写	英文名称	中文名称
CDC45	Cell division control protein 45	细胞分裂控制蛋白质
CYP27A	27-hydroxylase	27- 羟化酶
ZP3	Zona pellucida proteins	透明带蛋白
GO	Gene Ontology	基因本体论
KEGG	Kyoto Encyclopedia of Genes and Genomes	京都基因和基因组数据库
RPKM	Reads Per Kilo bases per Million reads	每百万 reads 中来自某一基因每千碱基长度的 reads 数目
NCBI	National Center for Biotechnology Information	国家生物技术信息中心

附录 1　实验中所需的实验试剂

Trizol Reagent、RACE 试剂盒（Invitrogen）。

RevertAid™ First Strand cDNA Synthesis Kit（Fermentas）。

6× 上样缓冲液、*Taq* DNA 聚合酶、pMD18‑T vector（TaKaRa）。

琼脂糖（Agarose，西班牙进口）。

酵母提取物（Yeast extract）、胰蛋白胨、琼脂粉（OXOID）。

X‑Gal、IPTG（Sigma）。

DNA 凝胶回收试剂盒（威格拉斯、北京天恩泽公司）。

dNTP mix、DNA Marker（DL2000）（东盛公司）。

氨苄青霉素（Amresco）；GELVIEW 核酸染料（北京百泰克生物技术有限公司）；氯仿；异丙醇；无水乙醇；NaCl；$CaCl_2$；焦碳酸二乙酯（DEPC，原液自 Sigma 分装）等。

附录 2　实验中所需的实验仪器

数控超声波清洗器 KQ-300DE 型（昆山市超声仪器有限公司）。

VORTEX-6 漩涡混合器（上海川翔生物科技有限公司）。

微量移液器（Eppendorf）。

超低温冰箱 Fouma 700 SERIES（Thermo）。

冰柜 BC/BD 429 HN（青岛海尔股份有限公司）。

冰箱 BCD-216 TD XZA（青岛海尔股份有限公司）。

立式压力蒸汽灭菌器 YXQ-LS-30 SII（上海博讯实业有限公司医疗设备厂）。

紫外分光光度计（NanoPhotometer）。

冷冻低温离心机（Pimor）。

超净工作台（CJ-2D，天津泰斯特仪器有限公司）。

小型台式离心机（Pico）。

PCR 扩增仪（Bio-Rad）。

紫外分光光度计（Thermo Electron Corporation，USA）。

全自动凝胶成像分析系统（Bio-Rad）。

三恒电泳仪 DYY-11B 型、电泳槽（北京六一仪器厂）。

全温振荡培养箱 HZP-250 型（上海精宏实验设备有限公司）。

电热恒温鼓风干燥箱 DHG-9140A 型（上海精宏实验设备有限公司）。

水浴恒温振荡培养箱（THZ-82，常州国华电器有限公司）。

隔水式培养箱 GH4500 型（天津泰斯特仪器有限公司）。

实时荧光定量 PCR 仪（Bio-Rad，CFX96）等。

附录 3 主要实验所需要的溶液及其配制

（1）50×TAE 缓冲液。Tris 碱 242 g，冰醋酸 57.1 mL，0.5 mol/L EDTA（pH=8.0）100 mL，冷却后定容到 1000 mL。

（2）LB 液体培养基。将 2 g 胰蛋白胨、1 g 酵母提取物、2 g NaCl 加入至 190 mL 超纯水中，冷却后定容到 200 mL，高压灭菌 20 min。

（3）2% X-gal。X-gal 即 5-Br-4-Cl-3- 吲哚 -β-D 半乳糖苷，用二甲基甲酰胺溶解 X-gal 配制成 20 mg/mL 的贮存液，经 0.22 μm 过滤膜过滤除菌，聚丙烯管或玻璃管保存，并用铝箔片包好以避光，-20℃保存。

（4）20% IPTG。IPTG 即为异丙基硫代 -β-D 半乳糖苷，称量 2 g IPTG 溶解于 8 mL 蒸馏水中，定容到 10 mL，经 0.22 μm 过滤膜过滤除菌，用 1.5 mL PCR 管分装成 1 mL，-20℃避光保存。

（5）LB 固体培养基。称量 2 g 胰蛋白胨、1 g 酵母提取物、2 g NaCl、3 g 琼脂粉加入至 190 mL 超纯水中，定容到 200 mL，高压灭菌 20 min。待温度下降至 50℃左右后加入氨苄青霉素（Amp，100 μL/100 mL），倒入已灭菌培养皿中。使用此培养基时进行转化前，需要加入 100 μL 的液体 LB，80 μL 2 % X-gal 和 14 μL 20 % IPTG，并在培养基板面涂布均匀，培养箱中 37℃温育 2 h 至液体吸收。

附录 4　Trizol 一步法提取总 RNA

（1）解剖稀有鮈鲫成鱼，取约 100 mg 新鲜的各组织样品加入盛有 300 μL
Trizol 的 1.5 mL RNA 专用离心管中，用研磨棒将样品充分碾碎至匀浆液均匀
透亮，再加入 700 μL Trizol，盖紧 PCR 管管盖，上下颠倒混匀，室温静置半
小时，让 Trizol 充分裂解组织细胞。

（2）12000 r/m 4℃离心 10 min。

（3）小心吸取上清液至新的 RNA 专用离心管中，加入 0.2 mL 氯仿，上
下剧烈混悬 15 s，15 ～ 30℃放置 10 min，这一步主要是氯仿除去蛋白质，然
后 12000 r/m 4℃离心 15 min。

（4）小心吸取上清液至新的 RNA 专用离心管，加入 0.5 mL 异丙醇，上
下颠倒 10 ～ 15 次混匀，室温放置 15 min，12000 r/m 4℃离心 10 min，此时
可见离心管管底有白色沉淀。

（5）小心倒掉上清液，再加入 1 mL 75% 乙醇（用 1% DEPC 水配制），
轻微摇晃使 RNA 悬浮以充分洗涤，7500 r/m 4℃离心 10 min；重复洗涤一遍。

（6）小心倒掉上清液，将含有 RNA 的离心管置于超净工作台上，防止污
染，待其干燥充分，加适量 DEPC 水充分溶解，提取的 RNA 直接用于反转录
或 –80℃保存备用。

附录5　1%和2%浓度（m/v）琼脂糖凝胶的配制

（1）琼脂糖凝胶的制备。于电子秤上称取 0.3/0.6 g 琼脂糖，置于三角瓶中，加入 30 mL 1×TAE 缓冲液，将该三角瓶置于微波炉中加热至琼脂糖充分溶解。待三角瓶表面的温度冷却至 60℃左右时（摸上去不烫手），向琼脂糖凝胶液中按 10% 的比例加入 3 μL GELVIEW 核酸替代染料，充分混匀。

（2）胶板的制备。

①将有机玻璃内槽和模具槽（外槽）洗净、晾干。

②将有机玻璃内槽置于模具槽内，放置好梳子，梳子下缘刚好距离底板 0.5～1.0 mm，以便加入琼脂糖后可以形成完好的加样孔。

③将温热的琼脂糖溶液倒入内槽中，使胶液缓慢地展开，直到在整个有机玻璃板表面形成均匀的胶层。

④室温静置 30 min 左右，待琼脂糖胶液凝固完全后，轻轻拔出梳子。制好琼脂糖凝胶后，将有机玻璃内槽放在含有（0.5～1）×TAE（Tris– 乙酸）工作液的电泳槽中使用，1×TAE 液没过胶面 1 mm 以上。

附录 6　反转录（DNA 第一链合成）

按照 Revert Aid™ First Strand cDNA Synthesis Kit（Fermentas，加拿大）说明书进行操作。

（1）RT-PCR 前处理去除基因组 DNA。8 ~ 10 μL 总 RNA，1 μL 10×buffer，1 μL RNase-free DNase，置于 PCR 仪器上 37℃ 30 min 后，再加入 1 μL 终止液，PCR 仪器上 65℃ 10 min。

（2）向已灭菌的 RNA 专用 PCR 管中加入以下成分。总 RNA 2.0 μg，Oligo-d（T）18（100 μM，0.5 μg/μL）1.0 μL，再加入适量 DEPC 水至 12.0 μL。置于 PCR 仪上 65℃ 5 min，冰中放置 2 min。

（3）继续加入下列试剂。4 μL 5×First-strand Buffer，1.0 μL Revert Aid M-MuLV Reverse Transcriptase（200 U/μL），2.0 μL 10 mM dNTP mix，1.0 μL RNA Inhibitor（20 U/μL），总体积为 20 μL。

（4）置于 PCR 仪上 42℃ 1 h，70℃ 10 min。结束反应后冰上冷却，-20℃ 保存。

附录7 天泽基因公司DNA凝胶回收与纯化试剂盒中的操作步骤

（1）将目的基因的PCR扩增产物进行琼脂糖凝胶电泳，用刀片在紫外线灯下切出对应片段（胶块尽量小，100 mg左右），放入1.5 mL离心管中。

（2）按照1∶（3～5）的比例加入300～500 μL通用溶胶液。

（3）将离心管置于50～60℃水浴溶胶（如果目的基因片段小于300 bp则不宜加热溶胶，应常温摇晃放置至溶胶透彻），每隔1～2 min取出混悬振荡10 s，至凝胶完全融化后，室温放置5 min冷却。

（4）将融化的琼脂糖凝胶转移至离心吸附柱中，静置3 min，以便DNA与离心吸附柱的硅胶模结合，12000 g高速离心1 min，弃掉外管内液体。

（5）向套管的离心柱中加入0.7～0.8 mL通用洗柱液，室温静置2 min，12000 g高速离心1 min，弃去外管内液体。

（6）若有多余的溶胶液需过柱，则重复操作（4）至（5）。

（7）12000 g高速离心30 s以去除离心柱中的残留液体。

（8）将离心柱小心取出内管并转移至干净的1.5 mL离心管中。

（9）向内管中加入30 μL预热（50～65℃）的去离子水，室温静置2～5 min后高速离心1 min，管内即为纯化后的cDNA。

（10）用1.0%的琼脂糖凝胶电泳检测回收纯化效果。纯化后的cDNA在-20℃冰箱里保存或直接用于后续试验。

附录 8　感受态细胞的制备

（1）将大肠杆菌菌种 DH5α（菌种 –80℃保存）在不含氨苄青霉素的 LB 固体琼脂培养板上划线，37℃恒温培养过夜（12 ～ 16 h）。

（2）从培养板上挑取单一菌落，接种于 5 mL 的 LB 液体培养基中，37℃恒温振荡过夜（12 ～ 16 h）。

（3）从培养液中吸取 2 mL 菌液加入到 100 mL 新鲜的 LB 液体培养基中，37℃恒温高速振摇，每隔一段时间观察菌液颜色，直至肉眼观察培养液较混浊时，在紫外分光光度计上测菌液浓度，当 OD_{600} 达到 0.5 时，开始制备感受态细胞。

（4）将菌液分装于两个冰中预冷的灭菌离心管（50 mL）中，冰上放置 10 ～ 20 min，4000 r/m 4℃离心 10 min。

（5）弃掉上层培养液，每管加入 15 ～ 20 mL 预冷的 0.05 M 的 $CaCl_2$ 溶液使细菌充分悬浮，冰水中放置 10 ～ 15 min，4℃ 4000 r/m 离心 10 min。

（6）弃掉上清液，倒置 1 min 使液体充分流尽。

（7）每管加入 2 mL 预冷的 0.05 mol/L 的 $CaCl_2$ 溶液充分重悬，用 1.5 mL PCR 管进行分装，每管装 100 μL，并加入 0.6 倍体积 50% 的灭菌甘油，–80℃保存。

附录9 3′RACE System for Rapid Amplification of cDNA Ends（Invitrogen）说明书

（1）在0.2 mL RNA专用的PCR管（经DEPC水处理过）中加入下列组分：5 μg总RNA，AP（10 μM）1 μL，DEPC水加至总体系12 μL，混匀，置于PCR仪上70℃加热10 min。

（2）将此PCR管冰上冷却2 min，简单离心后加入以下成分：2.0 μL 10×PCR Buffer，2.0 μL MgCl$_2$（25 mM），1.0 μL dNTP（10 mM），2.0 μL DTT（0.1 M）。

（3）置于PCR仪上42℃孵育2～5 min，加入1 μL SuperScript^{TM}Ⅱ RT。

（4）置于PCR仪上42℃孵育50 min，70℃ 15 min，终止反应，冰上冷却。

（5）再向离心管中加入1 μL RNase H，混匀后置于PCR仪37℃ 20 min；取出后 -20℃保存或用于下一步反应。

附录 10　5′RACE System for Rapid Amplification of cDNA Ends（Invitrogen）说明书

（1）5′RACE 反转录。

①在 DEPC 处理后的 0.2 mL PCR 管中加入下列组分：5 μg 总 RNA，0.45 μL 5–RT 引物（10 μM）溶液，DEPC 水加至总体系 15.5 μL，混匀。

②置于 PCR 仪上 70℃加热 10 min，之后置于冰上冷却至少 1 min。

③轻微离心后加入以下成分：2.5 μL 10×PCR Buffer，2.5 μL MgCl$_2$（25 mM），1.0 μL dNTP（10 mM），2.5 μL 0.1 M DTT。

④置于 PCR 仪上 42℃孵育 1 min，加入 1 μL SuperScript^{TM} Ⅱ RT。

⑤置于 PCR 仪上 42℃加热 50 min，70℃ 15 min，终止反应。

⑥37℃离心 10～20 s，向离心管中加入 1 μL RNase H，混匀后置于 PCR 仪上 37℃ 30 min。

⑦取出后 –20℃保存反应产物或用于下一步反应。

（2）cDNA 的 SNAP 柱子纯化。

①向第一链反应产物中加入 120 μL 的结合液（6 M NaI），静置 1～2 min，将此混合液转移到专用柱子中，13000 g 离心 20 s，将内管取出，弃去外管中的液体。

②向内管中加入 0.4 mL 的预冷（4℃）的洗脱液，13000 g 离心 20 s，弃掉外管中的废液，重复 3 次。

③加入 400 μL 的预冷（4℃）的 70% 乙醇，13000 g 离心 20 s，弃废液，13000 g 离心 1 min。

④将内管转移至干净的 1.5 mL 离心管中，加入 50 μL 预热（65℃）的灭菌水，13000 g 离心 20 s 以洗脱 cDNA。

（3）TdT 加尾。

①在 0.2 mL 优化的 PCR 管中加入 10 μL 纯化后的 cDNA，2.5 μL 2 mM dCTP，5.0 μL 5×tailing buffer，加 DEPC 水至 24.0 μL。

②置于 PCR 仪上 94℃ 2 ～ 3 min，冰上放置 1 min，轻微离心后置于冰上。

③加入 1 μL TdT，置于 PCR 仪上 37℃ 10 min，65℃ 10 min 结束反应。

附录 11　实时定量 PCR 引物设计原则

（1）引物的特异性要高，确保扩增产物长度在 100 ～ 300 bp。

（2）引物 GC 含量在 45% ～ 55%，避免多个重复碱基的出现，更重要的是要避免 4 个或超过 4 个的鸟嘌呤（G）碱基出现，引物 3′ 端的 5 个碱基中不要出现 2 个 G 或 C。

（3）跨基因的内含子设计引物，这样可以避免基因组 DNA 的扩增。

（4）引物自身的长度一般为 18 ～ 25 bp，且 Tm 值在 60℃之间左右，上、下游引物的 Tm 值最好相差不超过 2℃。

（5）使用 NCBI 数据库里的 BLAST 检索引物，以确定引物特异性，避免扩增出非特异性的条带，影响实验。

附录 12　载玻片和盖玻片的清洗

（1）新盖玻片和新载玻片的清洗。

① 将新买回来的盖玻片和载玻片用洗涤剂水浸泡 30 min。

② 浸泡完洗涤剂的载玻片和盖玻片在流水下冲干净。

③ 用去离子水冲洗载玻片和盖玻片 3 次。

④ 用干净的纱布擦干载玻片和盖玻片。

⑤ 把擦干的载玻片和盖玻片放入 2% 的盐酸酒精中浸泡过夜。

⑥ 自来水冲洗掉残留的盐酸酒精。

⑦ 再用去离子水冲洗 3 次。

⑧ 用纱布擦干，最后把载玻片和盖玻片浸入无水乙醇中备用。

（2）用过的陈旧盖玻片和载玻片的清洗。

①将不需保留的切片标本在肥皂水中煮沸 20 min。

②在热水中洗去残留的中性树胶。

③自来水冲洗后，重复新盖玻片和载玻片清洗步骤的③至⑧。

附录 13　组织切片制备过程中的染色

　　将脱蜡完全的载玻片进行下列步骤处理：无水乙醇Ⅰ 5 min →无水乙醇Ⅱ 5 min → 95% 乙醇 3 min → 80% 乙醇 2 min → 70% 乙醇 2 min →自来水冲洗 2 次→蒸馏水 2 min →苏木精 10 min →自来水洗浮色 1 min →盐酸分化 20 s →自来水冲洗 20 min →蒸馏水浸泡 2 min →伊红 2 min →蒸馏水洗浮色 2 次→ 70% 乙醇 30 s → 80% 乙醇 30 s → 90% 乙醇 30 s → 95% 乙醇 30 s →无水乙醇Ⅰ 2 min →无水乙醇Ⅱ 2 min →二甲苯Ⅰ 5 min →二甲苯Ⅱ 5 min。

附录 14　鱼雌二醇（E2）酶联免疫分析

（1）标准品的稀释。本试剂盒提供原倍标准品一支，用户可按照下列表格在小试管中进行稀释。

80 ng/L	5 号标准品	150 μL 的原倍标准品加入 150 μL 标准品稀释液
40 ng/L	4 号标准品	150 μL 的 5 号标准品加入 150 μL 标准品稀释液
20 ng/L	3 号标准品	150 μL 的 4 号标准品加入 150 μL 标准品稀释液
10 ng/L	2 号标准品	150 μL 的 3 号标准品加入 150 μL 标准品稀释液
5 ng/L	1 号标准品	150 μL 的 2 号标准品加入 150 μL 标准品稀释液

（2）加样。分别设空白孔（空白对照孔不加样品及酶标试剂，其余各步操作相同）、标准孔、待测样品孔。在酶标包被板上标准品准确加样 50 μL，待测样品孔中先加样品稀释液 40 μL，然后再加待测样品 10 μL（样品最终稀释度为 5 倍）。将样品加到酶标板孔底部，尽量不触及孔壁，轻轻晃动混匀。

（3）温育。用封板膜封板后置 37℃温育 30 min。

（4）配液。将 30 倍浓缩洗涤液用蒸馏水 30 倍稀释后备用。

（5）洗涤。小心揭掉封板膜，弃去液体，甩干，每孔加满洗涤液，静置 30 s 后弃去，如此重复 5 次，拍干。

（6）加酶。每孔加入酶标试剂 50 μL，空白孔除外。

（7）温育。操作同（3）。

（8）洗涤。操作同（5）。

（9）显色。每孔先加入显色剂 A 50 μL，再加入显色剂 B 50 μL，轻轻振荡混匀，37℃避光显色 15 min。

（10）终止。每孔加终止液 50 μL，终止反应（此时蓝色立转黄色）。

（11）测定。以空白孔调零，450 nm 波长依序测量各孔的吸光度（OD 值）。测定应在加终止液后 15 min 以内进行。

附录 15　鱼睾酮（T）酶联免疫分析

（1）标准品的稀释。本试剂盒提供原倍标准品一支，用户可按照下列表格在小试管中进行稀释。

16 nmol/L	5 号标准品	150 μL 的原倍标准品加入 150 μL 标准品稀释液
8 nmol/L	4 号标准品	150 μL 的 5 号标准品加入 150 μL 标准品稀释液
4 nmol/L	3 号标准品	150 μL 的 4 号标准品加入 150 μL 标准品稀释液
2 nmol/L	2 号标准品	150 μL 的 3 号标准品加入 150 μL 标准品稀释液
1 nmol/L	1 号标准品	150 μL 的 2 号标准品加入 150 μL 标准品稀释液

（2）加样。分别设空白孔（空白对照孔不加样品及酶标试剂，其余各步操作相同）、标准孔、待测样品孔。在酶标包被板上标准品准确加样 50 μL，待测样品孔中先加样品稀释液 40 μL，然后再加待测样品 10 μL（样品最终稀释度为 5 倍）。将样品加于酶标板孔底部，尽量不触及孔壁，轻轻晃动混匀。

（3）温育。用封板膜封板后置 37℃温育 30 min。

（4）配液。将 30 倍浓缩洗涤液用蒸馏水 30 倍稀释后备用。

（5）洗涤。小心揭掉封板膜，弃去液体，甩干，每孔加满洗涤液，静置 30 s 后弃去，如此重复 5 次，拍干。

（6）加酶。每孔加入酶标试剂 50 μL，空白孔除外。

（7）温育。操作同（3）。

（8）洗涤。操作同（5）。

（9）显色。每孔先加入显色剂 A 50 μL，再加入显色剂 B 50 μL，轻轻振荡混匀，37℃避光显色 15 min。

（10）终止。每孔加终止液 50 μL，终止反应（此时蓝色立转黄色）。

（11）测定。以空白孔调零，450 nm 波长依序测量各孔的吸光度（OD值）。测定应在加终止液后 15 min 以内进行。

附录16　鱼11-酮基睾酮（11-KT）酶联免疫分析

（1）标准品的稀释。本试剂盒提供原倍标准品一支，用户可按照下列表格在小试管中进行稀释。

80 ng/L	5 号标准品	150 μL 的原倍标准品加入 150 μL 标准品稀释液
40 ng/L	4 号标准品	150 μL 的 5 号标准品加入 150 μL 标准品稀释液
20 ng/L	3 号标准品	150 μL 的 4 号标准品加入 150 μL 标准品稀释液
10 ng/L	2 号标准品	150 μL 的 3 号标准品加入 150 μL 标准品稀释液
5 ng/L	1 号标准品	150 μL 的 2 号标准品加入 150 μL 标准品稀释液

（2）加样。分别设空白孔（空白对照孔不加样品及酶标试剂，其余各步操作相同）、标准孔、待测样品孔。在酶标包被板上标准品准确加样 50 μL，待测样品孔中先加样品稀释液 40 μL，然后再加待测样品 10 μL（样品最终稀释度为 5 倍）。将样品加到酶标板孔底部，尽量不触及孔壁，轻轻晃动混匀。

（3）温育。用封板膜封板后置 37℃温育 30 min。

（4）配液。将 30 倍浓缩洗涤液用蒸馏水 30 倍稀释后备用。

（5）洗涤。小心揭掉封板膜，弃去液体，甩干，每孔加满洗涤液，静置 30 s 后弃去，如此重复 5 次，拍干。

（6）加酶。每孔加入酶标试剂 50 μL，空白孔除外。

（7）温育。操作同（3）。

（8）洗涤。操作同（5）。

（9）显色。每孔先加入显色剂 A 50 μL，再加入显色剂 B 50 μL，轻轻振荡混匀，37℃避光显色 10 min。

（10）终止。每孔加终止液 50 μL，终止反应（此时蓝色立转黄色）。

（11）测定。以空白孔调零，450 nm 波长依序测量各孔的吸光度（OD值）。测定应在加终止液后 15 min 以内进行。

附录 17　稀有鮈鲫雌鱼差异基因富集的 78 个 KEGG 信号通路

KEGG 通路	Id	样本数	Background number
Ribosome	ko03010	13	1272
Progesterone-mediated oocyte maturation	ko04914	4	571
Calcium signaling pathway	ko04020	7	1568
Meiosis	ko04113	3	386
Caprolactam degradation	ko00930	1	35
Cell cycle	ko04110	4	828
Fc gamma R-mediated phagocytosis	ko04666	3	554
Spliceosome	ko03040	4	917
MAPK signaling pathway	ko04010	6	1688
Lysine degradation	ko00310	2	301
Fc epsilon RI signaling pathway	ko04664	2	330
Focal adhesion	ko04510	5	1416
RNA degradation	ko03018	2	346
Glycosaminoglycan biosynthesis	ko00532	1	86
B cell receptor signaling pathway	ko04662	2	375
Antigen processing and presentation	ko04612	2	394
Natural killer cell mediated cytotoxicity	ko04650	2	412
Tight junction	ko04530	4	1243
Regulation of actin cytoskeleton	ko04810	4	1296
Axon guidance	ko04360	3	878
Bile secretion	ko04976	2	482
Plant-pathogen interaction	ko04626	1	141

KEGG 通路	Id	样本数	Background number
PI3K-Akt signaling pathway	ko04151	5	1770
T cell receptor signaling pathway	ko04660	2	512
ECM-receptor interaction	ko04512	2	526
Circadian entrainment	ko04713	3	977
RNA transport	ko03013	3	984
Long-term depression	ko04730	2	575
Taste transduction	ko04742	1	193
ErbB signaling pathway	ko04012	2	594
Gastric acid secretion	ko04971	2	605
Fanconi anemia pathway	ko03460	1	227
Hedgehog signaling pathway	ko04340	1	229
N-Glycan biosynthesis	ko00510	1	239
Hematopoietic cell lineage	ko04640	1	240
Salivary secretion	ko04970	2	699
Glycerolipid metabolism	ko00561	1	261
Endocytosis	ko04144	3	1217
Long-term potentiation	ko04720	2	735
GnRH signaling pathway	ko04912	2	740
Leukocyte transendothelial migration	ko04670	2	744
Serotonergic synapse	ko04726	2	745
NOD-like receptor signaling pathway	ko04621	1	281
Proteasome	ko03050	1	316
Chemokine signaling pathway	ko04062	2	829
Adherens junction	ko04520	2	832
Cardiac muscle contraction	ko04260	2	842
Inositol phosphate metabolism	ko00562	1	346
mTOR signaling pathway	ko04150	1	348
Vascular smooth muscle contraction	ko04270	2	869
VEGF signaling pathway	ko04370	1	370
p53 signaling pathway	ko04115	1	382

续表

KEGG 通路	Id	样本数	Background number
Protein processing in endoplasmic reticulum	ko04141	2	961
Ribosome biogenesis in eukaryotes	ko03008	1	422
Gap junction	ko04540	2	980
Pancreatic secretion	ko04972	2	982
Glutamatergic synapse	ko04724	2	1025
Glycolysis / Gluconeogenesis	ko00010	1	483
Phosphatidylinositol signaling system	ko04070	1	518
mRNA surveillance pathway	ko03015	1	541
Lysosome	ko04142	1	587
GABAergic synapse	ko04727	1	675
Cell adhesion molecules（CAMs）	ko04514	1	696
Ubiquitin mediated proteolysis	ko04120	1	703
Melanogenesis	ko04916	1	723
HIF−1 signaling pathway	ko04066	1	760
Oocyte meiosis	ko04114	1	768
Neurotrophin signaling pathway	ko04722	1	777
Protein digestion and absorption	ko04974	1	792
Retrograde endocannabinoid signaling	ko04723	1	852
Insulin signaling pathway	ko04910	1	866
Cholinergic synapse	ko04725	1	872
Microbial metabolism in diverse environments	ko01120	1	1025
Oxidative phosphorylation	ko00190	1	1092
Dopaminergic synapse	ko04728	1	1101
Phagosome	ko04145	1	1146
Biosynthesis of secondary metabolites	ko01110	1	1602
Metabolic pathways	ko01100	3	6229

附录 18　稀有鮈鲫雄鱼差异基因富集的 89 个 KEGG 信号通路

KEGG 通路	Id	样本数	Background number
Synaptic vesicle cycle	ko04721	5	494
Ribosome	ko03010	8	1272
Antigen processing and presentation	ko04612	4	394
Biosynthesis of ansamycins	ko01051	1	7
Ubiquitin mediated proteolysis	ko04120	5	703
Protein processing in endoplasmic reticulum	ko04141	6	961
Jak–STAT signaling pathway	ko04630	4	528
Cell cycle	ko04110	5	828
Phagosome	ko04145	6	1146
Carbon fixation in photosynthetic organisms	ko00710	2	198
Cell adhesion molecules（CAMs）	ko04514	4	696
Glycerophospholipid metabolism	ko00564	3	436
Fatty acid biosynthesis	ko00061	1	39
TGF–beta signaling pathway	ko04350	3	453
Long–term potentiation	ko04720	4	735
GnRH signaling pathway	ko04912	4	740
Pyruvate metabolism	ko00620	2	243
PPAR signaling pathway	ko03320	3	504
Primary bile acid biosynthesis	ko00120	1	63
Mineral absorption	ko04978	2	306
Proteasome	ko03050	2	316
Osteoclast differentiation	ko04380	3	608

续表

KEGG 通路	Id	样本数	Background number
MAPK signaling pathway	ko04010	6	1688
Wnt signaling pathway	ko04310	4	1005
Glutamatergic synapse	ko04724	4	1025
Meiosis	ko04113	2	386
Notch signaling pathway	ko04330	2	393
Melanogenesis	ko04916	3	723
Natural killer cell mediated cytotoxicity	ko04650	2	412
Oocyte meiosis	ko04114	3	768
Plant–pathogen interaction	ko04626	1	141
Mismatch repair	ko03430	1	146
Glyoxylate and dicarboxylate metabolism	ko00630	1	158
Dorso–ventral axis formation	ko04320	1	162
Ether lipid metabolism	ko00565	1	162
SNARE interactions in vesicular transport	ko04130	1	168
Phosphatidylinositol signaling system	ko04070	2	518
Propanoate metabolism	ko00640	1	180
Spliceosome	ko03040	3	917
mRNA surveillance pathway	ko03015	2	541
Pentose phosphate pathway	ko00030	1	197
Porphyrin and chlorophyll metabolism	ko00860	1	198
Proximal tubule bicarbonate reclamation	ko04964	1	199
Basal transcription factors	ko03022	1	204
Circadian entrainment	ko04713	3	977
Gap junction	ko04540	3	980
Citrate cycle（TCA cycle）	ko00020	1	220
Sphingolipid metabolism	ko00600	1	231
Circadian rhythm	ko04710	1	234
Oxidative phosphorylation	ko00190	3	1092
Phototransduction	ko04744	1	272
Olfactory transduction	ko04740	1	273

KEGG 通路	Id	样本数	Background number
Glutathione metabolism	ko00480	1	309
HIF-1 signaling pathway	ko04066	2	760
NF-kappa B signaling pathway	ko04064	1	326
Endocytosis	ko04144	3	1217
Neurotrophin signaling pathway	ko04722	2	777
RNA degradation	ko03018	1	346
Adherens junction	ko04520	2	832
Cardiac muscle contraction	ko04260	2	842
p53 signaling pathway	ko04115	1	382
Purine metabolism	ko00230	2	864
Insulin signaling pathway	ko04910	2	866
Vascular smooth muscle contraction	ko04270	2	869
Ribosome biogenesis in eukaryotes	ko03008	1	422
RNA transport	ko03013	2	984
Pyrimidine metabolism	ko00240	1	476
Microbial metabolism in diverse environments	ko01120	2	1025
Calcium signaling pathway	ko04020	3	1568
ECM-receptor interaction	ko04512	1	526
Dopaminergic synapse	ko04728	2	1101
Fc gamma R-mediated phagocytosis	ko04666	1	554
Progesterone-mediated oocyte maturation	ko04914	1	571
Long-term depression	ko04730	1	575
Complement and coagulation cascades	ko04610	1	587
Lysosome	ko04142	1	587
Gastric acid secretion	ko04971	1	605
Metabolic pathways	ko01100	12	6229
GABAergic synapse	ko04727	1	675
Salivary secretion	ko04970	1	699
Leukocyte transendothelial migration	ko04670	1	744
Serotonergic synapse	ko04726	1	745

附录 18　稀有鮈鲫雄鱼差异基因富集的 89 个 KEGG 信号通路

续表

KEGG 通路	Id	样本数	Background number
Focal adhesion	ko04510	2	1416
Retrograde endocannabinoid signaling	ko04723	1	852
Cholinergic synapse	ko04725	1	872
Axon guidance	ko04360	1	878
Biosynthesis of secondary metabolites	ko01110	2	1602
Neuroactive ligand–receptor interaction	ko04080	1	1276
PI3K–Akt signaling pathway	ko04151	1	1770

彩 图

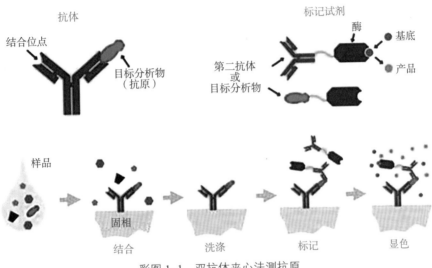

彩图 1-1 双抗体夹心法测抗原

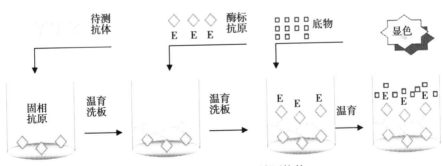

彩图 1-2 双抗原夹心法测抗体

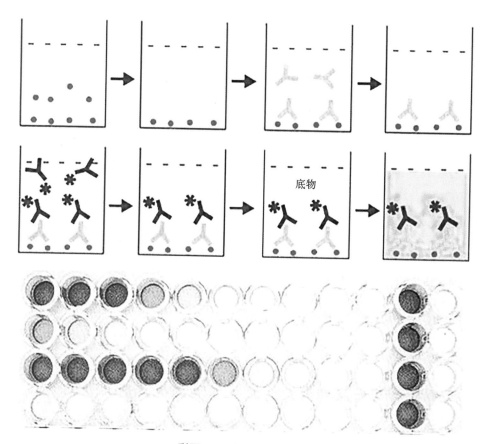

彩图 1-3　间接法测抗体

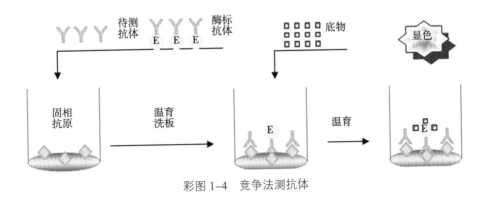

彩图 1-4　竞争法测抗体

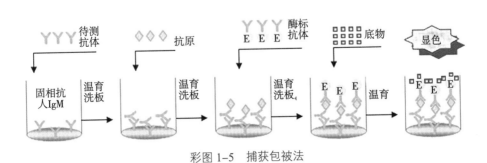

彩图 1-5　捕获包被法

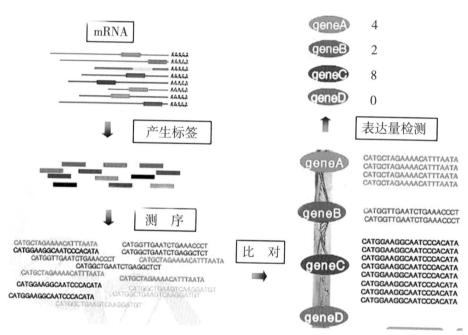

彩图 1-6　DGE 原理图

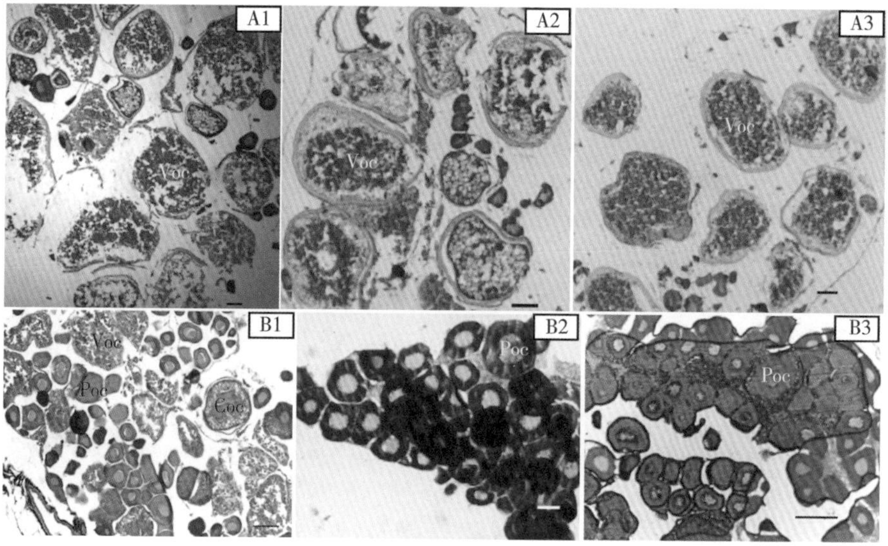

HE 染色，标尺为 150 μm。A1 ～ A3. 7d、14d 和 21d 的对照组卵巢；B1 ～ B3. EE2 暴露 7d、14d

和 21d 后卵巢；Voc. 成熟卵细胞；Coc. 卵黄前期卵细胞；Poc. 初级卵母细胞。

彩图 3-1　稀有鮈鲫暴露 EE2 7d、14d 和 21d 后的卵巢横切面

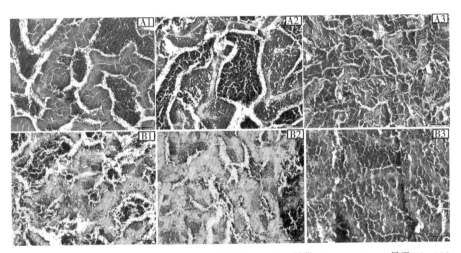

HE 染色，标尺为 150 μm。A1 ～ A3. 7d、14d 和 21d 的对照组精巢；B1 ～ B3. EE2 暴露 7d、14d

和 21d 后精巢；SZ. 成熟精子；S. 次级精母细胞；V. 空泡化。

彩图 3-2　稀有鮈鲫暴露 EE2 7d、14d 和 21d 后的精巢横切面

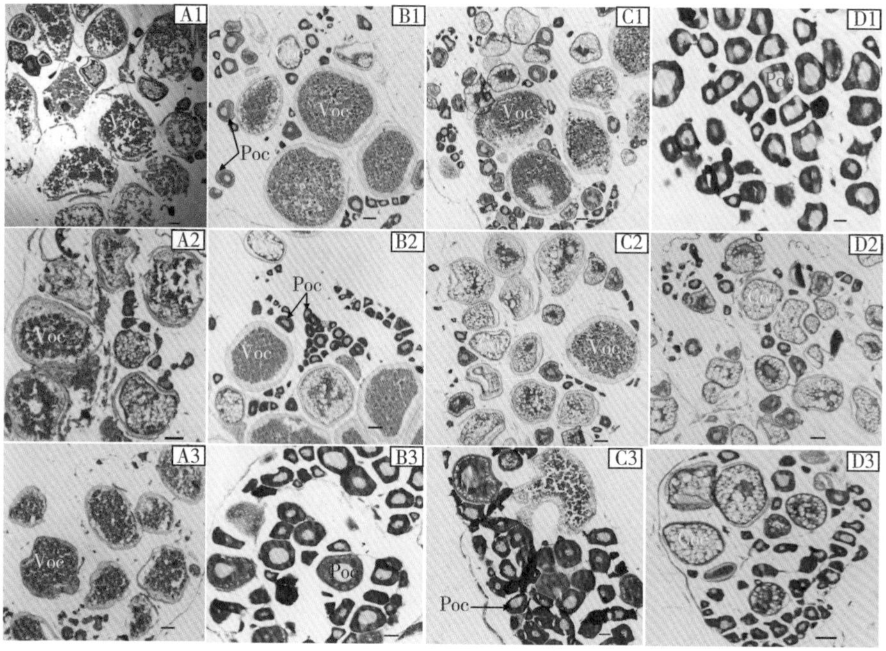

HE 染色，标尺为 150 μm，A1 ～ A3. 7d、14d 和 21d 的对照组卵巢；B1 ～ B3.25 ng/L 的 MT 暴露 7d、14d 和 21d 后卵巢，C1 ～ C3. 50 ng/L 的 MT 暴露 7d、14d 和 21d 后卵巢；D1 ～ D3. 100 ng/L 的 MT 暴露 7d、14d 和 21d 后卵巢；Voc. 成熟卵细胞；Coc. 卵黄前期卵细胞；Poc. 初级卵母细胞。

彩图 3-3　稀有鮈鲫暴露 MT（25 ng/L、50 ng/L 和 100 ng/L）7d、14d 和 21d 后的卵巢横切面

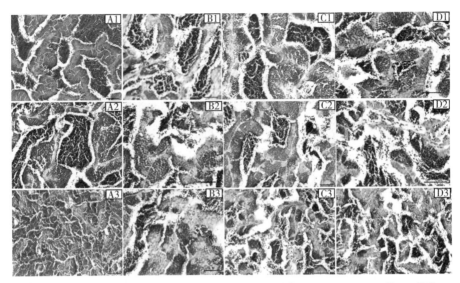

HE 染色，标尺为 50 μm，A1 ～ A3. 7d、14 d 和 21d 的对照组精巢；B1 ～ B3. 25 ng/L 的 MT 暴露 7 d、14 d 和 21d 后精巢；C1 ～ C3. 50 ng/L 的 MT 暴露 7 d、14 d 和 21d 后精巢；D1 ～ D3. 100 ng/L 的 MT 暴露 7 d、14 d 和 21d 后精巢；SZ. 成熟精子；S. 次级精母细胞；V. 空泡化。

彩图 3-4　稀有鮈鲫暴露 MT（25 ng/L、50 ng/L 和 100 ng/L）7 d、14 d 和 21d 后的精巢横切面

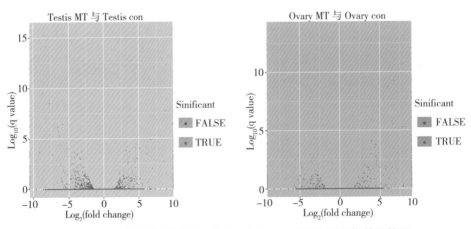

彩图 5-1　稀有鮈鲫雌（左）雄（右）鱼 MT 处理和对照组差异基因

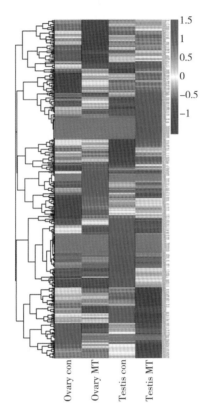

彩图 5-2　稀有鮈鲫雌雄鱼处理组（Testis MT，Ovary MT）和对照组（Testis Con，Ovary Con）差异基因聚类分析

［注：以 $\log_{10}$（RPKM+1）的值进行聚类，红色表示高表达基因，蓝色表示低表达基因。从红色到蓝色依次表示 $\log_{10}$（RPKM+1）从大到小］

A

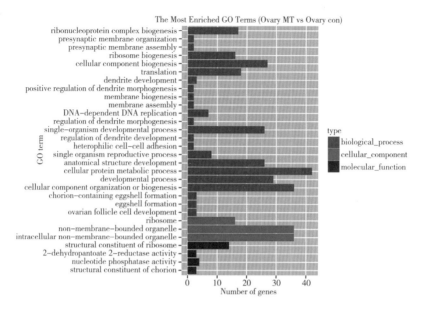

B

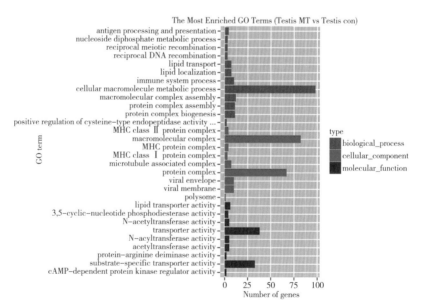

彩图 5-3　稀有鮈鲫雌（A）雄（B）鱼差异基因 GO 功能分类

（注：绿色表示生物过程；红色表示细胞组成；蓝色表示分子功能）

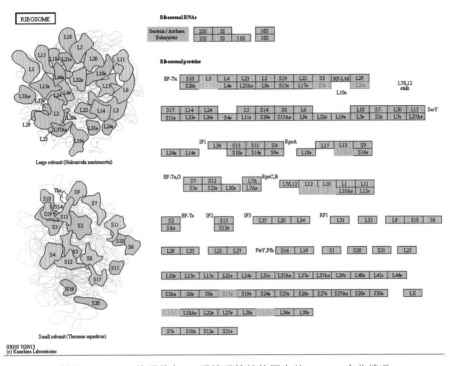

彩图 5-4　MT 处理雌鱼 7d 后编码核糖体蛋白的 mRNA 变化情况

［注：红色代表上调基因；绿色代表下调基因（MT 处理组 / 对照组），下同］

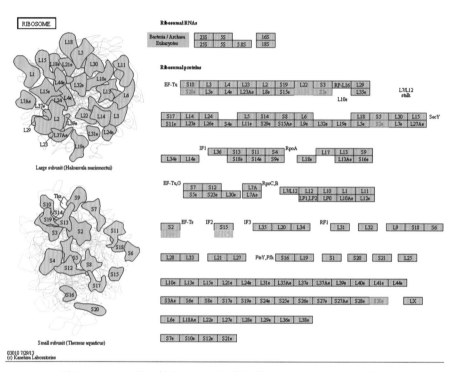

彩图 5–5　MT 处理雄鱼 7d 后编码核糖体蛋白的 mRNA 变化情况